U0305743

# 宝石

## 鉴定与选购
## 从新手到行家

不需要长篇大论，只要你一看就懂

王晓华 著

文化发展出版社
**Cultural Development Press**

·北京·

# 本书要点速查导读

行家

# 前言

　　近年来，随着珠宝市场的火热，越来越多的人加入到珠宝收藏的行列，珠宝市场也变得越来越复杂，新品种、新的优化处理方式以及仿制技术层出不穷，给很多刚入门的收藏者带来了不少困扰——对于五花八门的珠宝市场无从下手。那么要想投资收藏珠宝，就必须要加强珠宝知识的学习，提高鉴赏珠宝的能力。

　　本书主要通过介绍当前珠宝市场中热门的宝石品种，帮助读者了解这些宝石的基本特征，评价依据以及大概的市场行情，使大家的珠宝鉴赏能力得到提高。书中的部分价格以及具体数据来源于国内某一地区或者网络，可能存在一定偏差，同时，珠宝本身的价格在不同的市场，不同的地区，不同的时期都会发生一定变化，所以，期望读者朋友们要正确地理解这些数据，在实际投资和收藏过程中加以参考，谨慎操作。

# 目录

## 晶体宝石的鉴定与选购

## 有机宝石的鉴定与选购

## 玉石的鉴定与选购

# 目录

## 市场行情分析和发展趋势展望

## 专家答疑

# 晶体宝石

## 的鉴定与选购

# 单晶体宝石

　　单晶体宝石主要指那些以单个结晶形式存在的宝石，它们的主要特点就是晶莹剔透、色彩丰富、多变，质地纯净，折射率较高。这些特点使它们具有异常璀璨迷人的光芒，成为人们喜爱的宝石种类。绝大多数透明的宝石都属于这个范畴，如钻石、红宝石、蓝宝石、祖母绿、海蓝宝石、摩根石、碧玺、水晶、石榴石、坦桑石、尖晶石、托帕石、橄榄石、沙弗莱石等。

▧18K金配绿色橄榄石及黄色托帕石戒指

▧红宝石戒指

除了钻石以外的其他宝石又常常被称为彩色宝石，简称彩宝。目前，国内最大的彩色宝石门户网站——中国彩色宝石网发布的国内首个《中国彩色宝石收藏趋势报告》指出，国内彩色宝石产品的知晓率和购买率在过去5年中增长1倍以上；受供应趋紧的影响，彩色宝石的价格在过去5年大幅上涨，成为最受关注和收藏增值最快的珠宝消费品类之一。同时，伴随互联网消费环境的改善，越来越多的消费者开始在品牌官方网站或行业专业门户购买彩色宝石，且成交价格已达数十万元甚至上百万元，网上购买成为消费者继专柜购买之后的第二大购买渠道。业内人士称，中国彩色宝石市场已经度过渗透初期，进入快速成长阶段。在彩色宝石业内，最新的种类划分可见下表。

| 类别 | 品种 | 特征 |
| --- | --- | --- |
| 传统经典宝石 | 红宝石，蓝宝石，祖母绿 | 此类高品质的宝石市场价格极高，通常每克拉的价格都在几百美元至上万美元，特殊的可达十万美元以上 |
| 鉴赏级宝石 | 帕拉伊巴碧玺，彩色蓝宝石，粉色托帕石，翠榴石等 | 这类宝石普通非专业人士一般了解较少，但是其实际非常稀有，虽然市场很少见到，但是却很受有实力的专业收藏家的喜爱，其每克拉的价格通常在数百美元至数千美元，特别的可达一万美元以上 |
| 新经典宝石 | 碧玺，海蓝宝石，坦桑石，沙弗莱石，水晶等 | 这些都是新兴的彩色宝石，色彩艳丽价格适中，市场行情也逐年见涨，每克拉价格通常在几十美元至一千美元，特别的可达几千美元 |

对于钻石来说，目前在世界上得到广泛认可的是美国珠宝学院的GIA钻石鉴定证书。而目前对于彩色宝石来说，在国际上比较有公信度的是瑞士GUBELIN实验室证书以及GRS（瑞士宝石研究所）证书。以亚洲地区的鉴定量来说，GRS证书最受商家与消费者信赖。这两家也都是国际拍卖行苏富比与佳士得认可和采用的鉴定机构。购买高价值晶体宝石时，为保证购买宝石的品质，强烈建议要求商家附带提供以上证书。

▨托帕石双金镶钻首饰套装

▨紫水晶配粉红色刚
玉"花束"胸针

  不管是钻石还是彩色宝石，由于其开采数量逐渐减少，尤其是优质原料的稀缺，使得其价格不断攀升。在国外，尤其是欧洲，这类宝石具有上千年的历史和文化积淀，特别受到皇室的追捧使得其拥有广泛的消费基础，被人们认为是最安全的资产之一；在国内，过去的10年中，无论是钻石文化还是彩色宝石文化都得到了广泛的建设和推广，由于它们具有很强的装饰性和投资性，尤其是钻石和高档彩色宝石，在国际上具有相对统一的分级和价格体系，其价格每年也在相对稳定地持续增长，越来越多的收藏家和普通消费者都逐渐被其独特的魅力所吸引，尤其是近三年，此类宝石的销售一直保持每年10%以上的增长幅度，可以预见的是，此类宝石在中国市场上即将迎来一个小小的高潮。

碧玺手串

## ※ 钻石

钻石（Diamond）一词出自希腊语"Adamas"，意思是坚硬、不可驯服。钻石号称"宝石之王"，是世界公认的最珍贵的宝石，也是最受人喜爱的宝石之一。尤其是戴比尔斯公司那句"A diamond is forever（钻石恒久远，一颗永流传）"广告词打动了每一个年轻男女的心，使得钻戒成了婚礼的必备，成了爱意和忠诚的象征。

※钻石耳环

※圆形钻石戒指

# 钻石名片

**矿物名称**

金刚石

**化学成分**

主要成分为碳，质量分数可达99.95%，以及其余50余种微量元素

**光学性质**

光泽——金刚光泽

透明度——纯净的钻石是透明的，因矿物包体、裂隙的存在，可呈半透明至不透明

光性——均质体，偶见异常消光

折射率——2.417，是天然无色透明矿物中折射率最大的矿物

色散值——0.044，天然无色透明宝石中色散值最大的矿物

多色性——无多色性

发光性——紫外荧光由无至强，可呈蓝色、黄色、橙黄色、粉色、黄

绿色等，一般长波下的荧光强度强于短波下的荧光强度。偶见磷光

吸收光谱——可见415nm、453nm、478nm、594nm吸收线

**力学性质**

解理——平行方向的四组完全解理，所以抛光钻石在腰部常见"V"
字形缺口，该性质是鉴别钻石与其仿制品的重要特征之一

硬度——钻石是自然界最硬的矿物，摩氏硬度为10

密度——3.52（±0.01）g/cm³

**内外部显微特征**

含石墨、石榴石、单斜辉石等多种矿物包裹体，可见生长纹、解理
（羽状纹）、色带等特征

**导热性**

导热性能超过金属，是导热性最高的物质

**亲油斥水性**

对油脂有明显的亲和力；斥水性是指钻石不能被湿润，水在钻石表面
呈水珠状形不成水膜

化学性质非常稳定，在酸、碱中均不溶解，王水对它也不起作用

## ✕ 钻石的颜色

钻石的颜色可分为两大类：无色—浅黄（褐、灰）色系列和
彩色系列。

世界上大部分钻石的颜色介于淡黄或浅褐色之间，也就是市
面上最常见的无色钻石。最白的钻石定为D级（即从Diamond的第
一个字母开始），按照色泽共分为11个级别。

▨无瑕圆形D色全美钻石（一对）

所谓彩色钻石是指带有显著颜色的天然钻石。以黄色钻石为例，颜色深于Z色比色石的才能算得上是彩色钻石。其他颜色稀少、较浅或者颜色饱和度低的钻石也可以称为彩色钻石。

蓝色钻石在形成过程中，吸收微量硼元素，钻石显出天蓝色。能称之为蓝钻的钻石必须具有纯正的、明显的蓝色、天蓝色或深蓝色，主要产自南非和澳大利亚。黄色钻石主要产自南非，巴西也有少量产出；粉色钻石和红色钻石主要产自澳大利亚，坦桑尼亚和南方普列米尔也有部分产出；绿色钻石主要产自博茨瓦纳和印度；褐色、灰色钻石主要产自澳大利亚和刚果；黑色钻石则主要产自巴西。

▨长方形鲜彩橙黄色钻石戒指

▨枕形浓彩绿色钻石戒指

▨椭圆形鲜蓝色钻石戒指

▨长方形浓彩黄色钻石吊坠项链

▨鲜彩紫粉红色钻石戒指

### 钻石的4C分级

钻石结晶于地球深处地幔岩浆之中，环境复杂，成分多样，温度压力极高，历经亿万年的地质变化，其内部难免含有各种杂物或存在一些瑕疵。这些内含物的颜色、数量、大小及位置分布对钻石净度构成不同程度的影响。钻石的净度通常使用10倍放大镜对钻石内部、表面瑕疵及其对光彩影响程度对未镶嵌钻石的净度级别进行分级。

随着钻石贸易的产生、发展和健全，数百年来，钻石分级标准从无到有、从杂乱无章到自成体系，逐渐形成了现在广被市场认同的钻石4C分级体系。

▧长方形彩粉红色钻石戒指

▧粉色钻石戒指
梨形粉钻火彩强烈，璀璨迷人，内部无瑕，纯净珍贵。

▧古董钻石项链

钻石4C分级体系指的是从克拉重量（Carat Weight）、净度（Clarity）、颜色（Color）和切工（Cut）4方面对钻石进行综合评价，进而确定钻石的价值。由于4个要素的英文均以C开头，所以简称为4C分级。

目前国内市场上常见的钻石分级证书有：美国宝石学院——GIA钻石分级证书；国际宝石学院——IGI钻石分级证书；比利时钻石高层议会——HRD钻石分级证书；国家珠宝玉石质量监督检验中心——NGTC钻石分级证书；以及各地方质检站出具的钻石分级证书。值得注意的是，由于国外各机构关于钻石分级标准的设定虽然大体相同，但是也存在一定差异。如IGI的钻石分级证书拿到国内复检时，复检的结果有可能与IGI证书不符。目前来说，GIA证书的标准更接近国内钻石分级标准，但国内复检过程中偶尔也会发生复检结果与GIA证书不一致的情况。

▨梨形明亮式切磨钻石戒指

## 钻石4C分级国家标准

| 重量 | 净度 | 颜色 | 切工 |
|---|---|---|---|
| 1ct=0.2g；1ct分成100份，每一份为1分 | FL/IF（镜下无瑕）：10倍放大镜下，钻石的内部、外部无瑕疵 | D（完全无色）：最高色级、极其稀有 | Excellent——极好<br>Very Good——很好<br>Good——好<br>Fair——一般<br>Poor——差 |
| | VVS1（一级极微瑕）：钻石具有极微小的瑕疵，10倍放大镜下极难观察 | E（无色）：仅仅只有宝石鉴定专家能够检测到微量颜色。是非常稀有的钻石 | |
| | VVS2（二级极微瑕）：钻石具有极微小的瑕疵，10倍放大镜下很难观察 | F（无色）：少量的颜色只有珠宝专家可以检测到，但是仍然被认为是无色级。属于高品质钻石 | |
| | VS1（一级微瑕）：钻石具有细小的瑕疵，10倍放大镜下难以观察 | G-H（接近无色）：当和较高色级钻石比较时，有轻微的颜色。但是这种色级的钻石仍然拥有很高的价值 | |
| | VS2（二级微瑕）：钻石具有细小的瑕疵，10倍放大镜下比较容易观察 | I-J（接近无色）：可检测到轻微的颜色。价值较高 | |
| | SI1/SI2（瑕疵级）：钻石具有明显的瑕疵，10倍放大镜下易于观察 | K-L（浅黄白色）：市场较常采用 | |
| | P1/P2/P3（重瑕疵级）：钻石具有明显瑕疵，肉眼可见 | M-N（浅黄色）：颜色较差、使用较少 | |

注：钻石色泽分级是在专业实验室的分级环境中，由技术人员将待分级钻石与标准色泽比色石反复对比而确定。

以上4个标准都直接影响到钻石的价格，每一个都很重要，此外钻石的价格还跟荧光强度有关。

其实，高色级和高净度的钻石只有专业的鉴定人员才能区分，普通人的肉眼几乎是无法识别的。如果只是用于佩戴，I−J色级，净度SI以上即可，但是投资收藏的钻石最好是G色以上，只有这个级别及以上的钻石不会看出黄色调，且净度应为VVS级及以上级别，因为高净度的大颗粒钻石比较稀有，能保证钻石的升值空间。钻石的颜色和净度每一个级别的差价一般在15%～20%左右，当然，不同国家级及地区的人们对不同级别钻石的需求也不同，这可能导致相同级别的钻石在不同国家及地区的价格存在一定差异。

经常有人问我"50分的钻石多少钱"，这种问题往往让我很纠结，因为一颗50分的钻石，其级别的组合条件多达数千种，每一组合都可以有一个报价，而且级别高的与级别低的价格相差可达10倍！所以遇到这种问题经常让我无所适从，购买钻石切忌问这么外行的话。

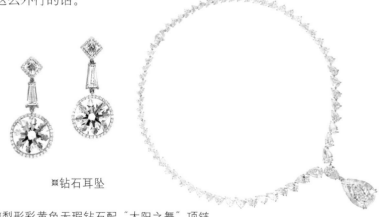

▧钻石耳坠

▧梨形彩黄色无瑕钻石配"太阳之舞"项链

33.88克拉梨形彩黄色钻石，IF内无瑕净度，无可挑剔的质量与傲人的克拉，使这颗梨形美钻散发出耀眼的日光，配以50.36克拉高质量美钻项链，均为D-G色，最大颗为3.10克拉梨形白钻，流金焕彩，极致璀璨，完美无瑕，至珍至美。

### ❋ 钻石的鉴定

平时在鉴定过程中，常常会有顾客跟我说他想自己鉴别，让我介绍一些简单的方法。鉴别钻石可以从肉眼鉴别和仪器鉴别两方面综合考虑。本书只考虑抛光钻石的鉴别，不涉及钻石毛坯。

说到钻石的鉴别，首先要了解钻石的基本性质，只有先知道钻石具有哪些特征属性，才能在鉴别过程中一一求证被鉴定物品是否符合钻石的基本属性。若发现某属性完全不同，则可以肯定此物品不是钻石；相反，若某一属性与钻石的属性相符，为了避免将相似品当成钻石，需一一鉴别各项属性是否跟钻石的基本属性一致，只有被检测属性与钻石属性完全吻合，才能下肯定结论。

❋钻石原石

❋古垫形天然浓彩黄色钻石耳坠

❋古垫形鲜彩蓝色钻石戒指

**✠天然祖母绿形足色全美钻石戒指**
　　白金镶嵌10.03克拉天然祖母绿形足色全美钻石戒指，配镶2颗天然梯形钻石，颜色净度，堪称完美，极优的抛光和对称性，令钻石火彩完美呈现，奢华优雅。

**肉眼鉴定**

（1）观察"火彩"：由于钻石的高折射率值和高色散值，使钻石具有一种特殊的"火彩"，特别是切割完美的钻石更具特征。但是，这需要个人经过长期的观察总结，一般人很不好把握这其中的度。所以，我不推荐使用这种鉴定方式。

（2）线条实验：这种方法适合于标准圆形切工的钻石裸石样品。将钻石样品的台面向下，放在一张有线条的纸上，如果从钻石的侧面看不到纸上的线条则为真正的钻石，否则为钻石的仿制品。这是因为，标准圆形钻石的切工设计就是让所有从冠部射入钻石内部的光线通过折射与内反射，最后再从冠部反射出去，几乎没有光能够通过亭部的刻面。但应该注意的是，其他宝石通过特殊的设计加工，也都有可能达到这种效果。

（3）亲油性试验：天然钻石具有较强的亲油性，用油笔在其表面画过，可以留下清晰而连续的线条；相反，用油笔画过钻石仿制品表面时，墨迹常常会聚成一个个液滴，不能出现连续的线条。

（4）斥水性试验：充分清洗样品，将水滴点在样品上，如果水滴能在样品的表面保持很长时间，则说明该样品为钻石；如果水滴很快散开，则说明样品为钻石仿制品。

▧心形钻石戒指

▧枕形彩棕黄色钻石戒指

▧棕黄色钻石配钻石及粉红色海
螺珠"芭蕾彩蝶"胸针

此胸针将芭蕾的美感、动感和优
雅可谓刻画入微。

仪器鉴定

钻石为天然矿物，一般都带有矿物包体、生长结构等各种天然信息，这是钻石与其他人工仿制品的根本区别。但是，净度高的钻石只有经过专门培训的人才能看到。

其次，钻石是一种贵重的高档宝石，其切磨质量要求很高，由于硬度最大，所以通常成品钻石"面平棱直"，棱线锐利，比例适中，修饰度好，很少会出现大量的"尖点不尖""尖点不齐"等现象。而钻石的仿制品相对价格低廉，硬度小，棱线呈圆滑状，切磨质量往往较低，很难与钻石相提并论。

以上几种鉴定方式适合初入行的购买者对钻石及其仿制品进行鉴别，但对于合成钻石和优化处理的钻石不适用。若想鉴定钻石是否是合成或经优化处理，由于需要用到一些专用的大型检测仪器，最好送到专业的检测鉴定机构，由专家给出鉴定结论。

## ✖ 钻石的选购

关于钻石的选购，应该根据购买目的或用途的不同，区别对待选购标准。有的人购买钻石是为了收藏，有的人是为了自用佩戴，这其中的选购标准也不一致。

### 自用佩戴的钻石选购

这里说的自用佩戴，指的是在日常生活中当作饰品佩戴。因此，钻石的保值性就不要考虑在内。

选购要点：

（1）资金预算：这是很重要的因素，这决定了你在这个预算内能买到什么样的钻石，毕竟你不可能花一万元去买一颗1克拉、VVS1、H级别的钻石。

（2）钻石级别：因为钻石的价格跟钻石的级别紧密联系在一起。有人喜欢重量大的，有人喜欢净度高的，有人喜欢颜色好的，或者还有人追求切工完美的，个人喜好各不相同。我建议这几个方面综合考虑，根据资金预算优先确定重量大小，其次确定颜色、净度、切工、荧光级别。

▨天然艳彩黄色内部无瑕钻石配钻石戒指

▨鲜彩黄色钻石戒指

▨钻石耳环

| 重量 | 越大越好 |
|------|---------|
| 净度 | 我建议净度尽量SI以上，不要选P级，因为P级钻石，肉眼很容易就能看到钻石内部瑕疵 |
| 颜色 | 我建议颜色不低于I-J色，低于这个色级，钻石会明显泛黄 |
| 切工 | 不低于"好"，因为切工好坏影响到钻石的"火彩"，切工越好，"火彩"越美。并且有的切工差的钻石，由于为了保持钻石的重量，腰部过厚，使得钻石看上去偏小 |
| 荧光 | 市场上同级别钻石无荧光的会比有荧光的贵，但是轻微的荧光可以使钻石看上去更白，这点由个人自己把握 |

这几点都很重要，根据个人偏好和实际情况综合考虑，相信会选到一颗称心如意的钻石。

### 收藏级钻石的选购

钻石是所有珠宝中唯一一种具有全世界相对统一评价标准的宝石，所以具有较好的变现性。它的升值空间每年在10%～15%之间，而5克拉以上的钻石，其升值空间每年维持在25%左右。虽然在2008年世界金融危机时期，钻石价格有下跌的情况出现，但是很快就出现反弹。近几年钻石的销售量在中国以每年15%的速度增长，中国已经成为排在美国之后的第二大钻石消费国，除了婚庆消费以外，钻石投资热是其主要原因。据资料显示，2014年中国的钻石销售已突破10亿元，其中2～5克拉钻石的增长超过40%。

▨梨形钻石戒指

▨钻石项链

▨钻石手链

在其他条件近似的情况下，随着钻石重量的增大，其价值呈几何级数增长；重量相同的钻石，会因色泽、净度、切工的不同导致价值相差甚远。对于钻石的保值升值，通常也以重量最为重要，因为国际上钻石价格的上涨会以重量为标准。比如，30～50分的钻石价格涨幅为5%；50分以上的钻石价格涨幅为10%；1克拉以上的钻石价格涨幅为20%。重量越大的钻石其增值的幅度和速度越大，通常将重量小于0.25克拉的钻石称作"小钻""碎钻"，将0.25～0.99克拉的钻石称作"中钻"，将大于等于1.00克拉的钻石称作"大钻"。

无色大克拉钻石是投资收藏的首选之一。通常情况下，重量在1克拉以上，颜色为D－F级 净度VVS以上，切工为3EX的钻石是收藏级钻石的最低标准，这样的钻石更加具有投资性。

彩色钻石中，红色和绿色钻石比较稀有，其次是紫色、蓝色、橙色和粉红色，而黄色、棕褐色在市场上占主要地位。物以稀为贵，在所有钻石当中，彩色钻石的比例仅占2%左右，因此彩色钻石一直是各大拍卖场的宠儿，它和白色钻石的产量比例是1：100000，所以彩色钻石被认为是最值得长线投资的奢侈品之一，也成为各大钻石品牌关注的收藏焦点。一般而言，作为投资和收藏的彩色钻石需要50分以上，净度VS以上，颜色为中彩以上级别。

彩色钻石的颜色是评价其价值的最重要内容，但其前提条件是确保钻石颜色的天然性，即要先确认彩色钻石颜色的成因，是否经过人工优化处理。所以，与鉴定无色钻石的4C标准不同，鉴定彩色钻石要从色彩开始，然后鉴定颜色的浓度，从微到浓，从浓到艳。一颗优质的彩色钻石是非常罕见的，其质量主要由其颜色的浓度和色彩的吸引力决定。

GIA彩色钻石鉴定证书会包括颜色等级、颜色是否天然、克拉重量、净度和净度制图等多个标注。GIA将彩色钻石详细地分为27个色调，它们分别是红色、红橙色、淡红橙色、橙色、淡黄橙色、黄橙色、橙黄色、淡橙黄色、黄色、浅绿黄色、绿黄色、黄绿色、浅黄绿色、绿色、淡蓝绿色、蓝绿色、绿蓝色、淡绿蓝色、蓝色、淡紫蓝色、淡蓝紫色、紫罗兰色、紫色、淡红紫色、红紫色、紫红色和淡红紫色。

♦天然鲜彩黄钻配钻石手链

▓钻石项链

　　GIA彩色钻石颜色的分级，分为Faint（微）→Verylight（微浅）→Light（浅）→Fancylight（淡彩）→Fancy（中彩）→Fancydark（暗彩）→Fancyintense（浓彩）→Fancydeep（深彩）→Fancyvivid（艳彩）。

　　以最常见的黄色钻石为例，必须深于Z色比色石才可以称为彩色钻石。如果说4C在白色钻石中各占的比重是均等的话，那么对于黄色钻石而言，4C中的Color(颜色)所占的比重明显超过其他3C。黄色钻石以浓艳明亮的黄色为好，纯黄色，不掺杂任何灰、红色调，暗黄、橘黄的钻石远不如正黄色钻石价值高（绿色除外）。根据颜色的分级，一般建议收藏浓彩黄级别以上。

　　还有一个问题需要指出，钻石荧光。钻石的发光性并不统一，大约25%～35%都呈现出不同程度和不同颜色的荧光。然而，其中只有10%左右的荧光可能影响到钻石的外观。在显示出荧光特性的钻石中，95%呈现的可见光是蓝色。因为蓝色是黄色的互补色，所以蓝色荧光会使得带黄色调钻石看起来更白甚至接近无色。所以，在钻石市场上，无荧光的钻石比有荧光特别是强蓝色荧光的钻石价格要高一些。

根据钻石的琢型来说，标准圆形对白色钻石来说更能突出钻石的璀璨光泽，而彩色钻石的切割除了要发挥出钻石的"火彩"外，还要借助不同的切割方式来凸显钻石色彩的优势或弥补彩色钻石颜色的不足。不同的切割会使钻石的颜色发生微妙的改变。过闷过浅的颜色会被切割掉，发挥出颜色的最大优势。另外，由于彩色钻石十分稀有，为了最大限度保存钻石的重量，所以大多数彩色钻石都是根据原始形状进行花式切割。除了标准的圆形钻石外，梨形、方形、心形、椭圆形等异形钻石也逐渐被越来越多的人接受和喜爱。

对于普通的消费者，尤其是具有投资和收藏意向的钻石购买者，一般都不具备专业评价钻石的能力，那么选择钻石证书就显得尤为重要。大克拉钻石推荐大家选择GIA证书（美国珠宝学院钻石证书），此证书在世界范围内拥有最广泛的接受基础，享有较高的权威性和准确性。

**※黄色钻石戒指**
黄色钻石完美无瑕、切工精湛。白色
对钻镶于两侧，美艳高贵。

枕形钻石项链

**天然艳彩黄色钻石及钻石吊坠**

## ✕ GIA证书的鉴别方法

镭射标签——证书上印有GIA字样、校徽图案，以及一个圆明亮式的钻石图形。

荧光胶膜——用验钞笔一照，荧光图案就会出现，是GIA校徽。

标尺微缩字——红色箭头所示的净度和成色两条标尺线，用放大镜看可以看到印着"The Hallmark of Integrity Since 1949"。

GIA钻石的激光编码一般都在钻石的腰部激光镭射而成，它保证了钻石的独一无二性，更保障了钻石在镶嵌前后不会被调换，这个镭射码一般在钻石的腰部，如果专业人士可以通过10倍放大镜看见，而一般顾客则可以在更高倍数的显微镜下清晰看到。注意1克拉以上的钻石无特殊要求通常没有镭射码，但是有钻石净度配图。

GIA证书可以通过刻在钻石腰部的激光编码和钻石的大小在其官网上查询，目前国内的多家珠宝专业网站也都有GIA证书的查询链接。需要提醒的是，如果信息连续三次输入有误，那么这粒钻石的资料将不能被查询到。

# ※ 刚玉宝石

刚玉是一种由氧化铝（$Al_2O_3$）的结晶形成的宝石。含有金属铬的刚玉颜色鲜红，称为红宝石；而不是铬离子致色的刚玉，则被统称为蓝宝石。

刚玉是商业上仅次于钻石的最重要的晶体宝石材料之一，关于它的成员红宝石及蓝宝石的各项传说，几个世纪以来一直广为流传。在印度，红宝石被喻为"宝石之王——**King of Gems**"，而古希腊的皇族用佩戴蓝色蓝宝石来避免妒忌及伤害。刚玉是有色宝石中市场占有率最高的宝石种类，每年红、蓝宝石的市场交易量，并不亚于钻石，让刚玉宝石稳居有色宝石的龙头。最近5年，一度被挤出市场的高档红、蓝宝石卷土重来。红、蓝宝石受到人们的青睐和热烈追捧，这不仅因为红、蓝宝石产量稀少、矿产资源极度缺

※蓝宝石配澳洲欧泊吊坠

※红宝石戒指

※蓝宝石配澳洲欧泊戒指

乏，还因为能达到宝石级别的且颗粒大的红、蓝宝石更是无从寻觅。相对钻石而言，红、蓝宝石有比钻石更加丰富多彩的颜色，正是这些因素决定了红、蓝宝石的价值及市场走势。

### 红宝石

红宝石是指含有铬离子致使颜色呈红色、粉红色的刚玉，它包括了红色、橙红色、紫红色、褐红色的刚玉宝石。需要注意的是，部分刚玉呈现粉红色但并非由铬离子致色，这种刚玉我们不能称之为红宝石，而应该称之为粉红色蓝宝石。

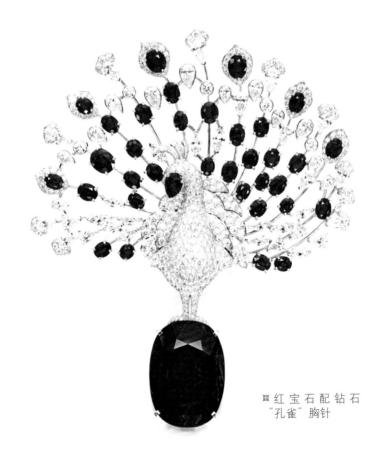

◈ 红宝石配钻石
"孔雀"胸针

▧**天然鸽血红红宝石配钻石耳环**

耳环以枕形缅甸天然"鸽血红"红宝石配以梨形及橄榄形钻石镶嵌围绕，精美绚丽。

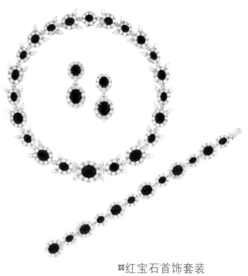

▧红宝石首饰套装

血红色的红宝石最受人们珍爱，俗称鸽血红，是红宝石中的上品。这是一种几乎可以称为深红色的鲜艳且强烈的色彩，颜色纯正，饱和度较高，能够把红宝石的美表露得一览无遗。它的红色除了纯净、饱和、明亮之外，更给人以强烈的"燃烧的火"与"流动的血"的感觉。这种宝石的红光并不是像普通宝石那样主要来自对外部光源的反射，而是似乎来自宝石内部某种物质的燃烧。珠宝专家曾将这种红宝石的红色与自然界中各种各样的红色进行过对比，发现只有缅甸成年鸽子动脉中的鲜血才与其比较接近，而且这种血必须是新鲜的、跳动的鲜血，一旦这种血离开鸽子的身体超过十几秒，其颜色便不再可以与鸽血红宝石作对比。无论在自然光源还是人工光源下，红宝石总能发出带有荧光效应的红光。

# 红宝石名片

### 晶系及结晶习性

红宝石属三方晶系，晶体常呈桶状、柱状，少数呈板状

### 光学性质

颜色——刚玉属于他色矿物，纯净时无色，含有不同的微量元素可导致不同的颜色。铬离子导致红色，是红宝石的成色原因。常见的有红色、浅红色、桃红色、深红色、紫红色以及褐红色

光泽——红宝石抛光后呈现亮玻璃光泽至半金刚光泽

折射率——1.726~1.770，双折射率值为0.008~0.010

发光性——在紫外荧光下红宝石具有弱至强的红色荧光

### 力学性质

解理——不发育，但常常具有裂理，在切割加工时需要特别小心

密度——4.00g/cm³

硬度——摩氏9，在宝石中仅次于钻石

## 红宝石的颜色、产地及其鉴别

世界上红宝石的产地不多，主要有缅甸、斯里兰卡、泰国、澳大利亚、中国等，不同产地的刚玉宝石都会有其独特的产地特征。就宝石质量而言，以缅甸、斯里兰卡出产的红宝石质量最佳。

**▨红宝石配钻石手链**
*此手链所镶红宝石产自缅甸抹谷，未经任何处理，色泽艳丽。*

**▨天然鸽血红红宝石耳环**

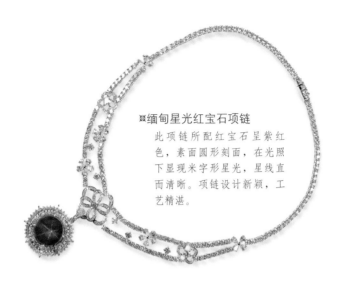

▓ **缅甸星光红宝石项链**

此项链所配红宝石呈紫红色，素面圆形刻面，在光照下显现米字形星光，星线直而清晰。项链设计新颖，工艺精湛。

　　缅甸抹谷红宝石在宝石市场的地位举足轻重，多呈鸽血红色、玫瑰红色、粉红色，特别以出产"鸽血红"红宝石而著名。缅甸抹谷红宝石大多颜色饱和度高，但不均匀，看起来像有流动感的旋涡或蜜糖，这种"蜜糖状"构造是缅甸红宝石区别于其他产地红宝石的颜色特征，具有产地指向意义。缅甸抹谷红宝石的多色性明显，用肉眼从不同方向观察可见两种不同颜色，缅甸抹谷还是世界上唯一的星光红宝石产地，其星光效应的形成主要是因其内含的针丝状金红石定向包体。这种丝状金红石包体使光线射入后发生散射返回宝石表面，使宝石颜色看起来更加柔和动人。但抹谷红宝石资源已近枯竭，3克拉以上的缅甸天然红宝石很少能见到。孟苏是缅甸的另一个红宝石矿区，孟苏红宝石原石中心常具有黑核，经加热处理后呈乳白色。孟苏矿区还出产独特的"达碧兹"红宝石，与"达碧兹"祖母绿相像，同样具有6条不会移动的黄色或白色臂。

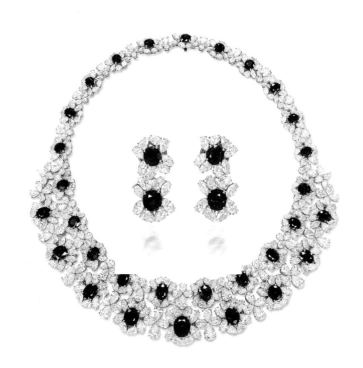

▨红宝石配钻石项链及耳环

　　泰国也是红宝石重要产出国之一。泰国红宝石颜色较深，透明度不好，但颜色均匀，无星光效应。具有针状、粒状的晶质包体。其中粒状的晶质包体周围常包裹流体包体，形成一种特殊的"煎蛋状"，具有产地指向意义。

　　斯里兰卡红宝石也是红宝石市场的重要组成部分，产自斯里兰卡的红宝石颜色娇嫩、丰富，质感清晰，几乎包括了从浅红色到红色的全部过渡系列。其中以娇艳的"樱桃红"最为珍贵。在包裹体方面，细长的金红石包体和图案，清晰精美的流体包体常具有产地指向意义。

　　中国的安徽、青海、黑龙江、云南等地陆续发现红宝石，其中以云南的红宝石质量最好。

### 红宝石的优化处理及鉴别

红宝石常见的优化处理方法有热处理、染色等，经过处理后的红宝石颜色更加艳丽动人。热处理历史悠久，且结果稳定，主要鉴定特征是内部的固态包体会呈现断点状，不过肉眼很难观察到，还需要专业人员进行镜下观察。染色处理是将颜色浅淡或具有裂隙的红宝石放进染料中进行浸泡、加温，使其染上颜色。染色红宝石大多颜色呆板而浓艳，有的用酒精棉擦拭甚至会掉色。同时仔细观察，会发现染料多存在于裂隙中。当红宝石重量较小时很难用肉眼观察到内部现象，所以购买时请仔细阅读宝石所出具的鉴定证书。

▧红宝石配钻石戒指

▧古典风格红宝石项链

### 红宝石与相似宝石的鉴别

与红宝石相似的宝石主要有红色石榴石、红色尖晶石、红碧玺、红色玻璃等。

红宝石的比重与折射率均与红色石榴石相近，手掂不易区分。但红宝石具有明显的二色性，用二色镜观察会看到不同色调的红色，而红色石榴石无二色性。另外，红宝石具有红色荧光，红色石榴石在紫外荧光下为惰性。

🔺红宝石戒指（左）与红色石榴石戒指（右）

与红色尖晶石以及红色碧玺相比，红宝石折射率皆高于它们，且具有半金刚光泽至强玻璃光泽，而红色尖晶石和红碧玺抛光后均为玻璃光泽。所以购买时需要留心观察其光泽。红宝石具有较高密度，若用手掂未镶嵌的宝石，同样大小的戒面重于红碧玺及红色尖晶石。

红色玻璃则常常有气泡和旋涡纹，使用10倍放大镜非常容易发现。同时，由于玻璃硬度较低，仔细观察宝石的棱边往往会发现磨损严重。

🔺红宝石裸石（左）、红碧玺裸石（中）和红色尖晶石裸石（右）

**天然红宝石与合成红宝石的鉴别**

由于高品质红宝石产量少且价格高，合成红宝石也常流入市场混淆视听。合成红宝石与天然红宝石的物理性质基本相同，鉴别时可以考虑以下几点。

人工合成红宝石一般都具有浓烈鲜艳而过分均匀的颜色，不自然。若为红宝石毛坯料出售，天然红宝石的晶体具有桶状、柱状、板状晶形，晶面有平行横纹，即使是破碎的毛坯料仍会在局部保留有晶体的几何形态或花纹，断口处呈现阶梯般构造。而合成红宝石破碎后无裂理，断口呈贝壳状。在显微镜下观察，天然红宝石内部常有各种晶质包体，而合成红宝石内部常见呈树枝状、栅栏状等形态的助溶剂残留，这是在人工合成过程中留下的生长痕迹。

**天然"莫桑比克"无处理鸽血红红宝石项链**

此项链由22颗顶级瑰丽的红宝石镶嵌而成，每颗红宝石配以明亮闪烁的钻石点缀。红宝石与钻石璀璨夺目，相得益彰，颗颗弥足珍贵。

### 红宝石的选购

红宝石原石晶体一般不大，超过1克拉的红宝石价格会迅速增高，2克拉以上的优质红宝石就很珍贵了，5克拉以上的优质红宝石则是非常稀有的！现在国际市场上达到5克拉以上的天然鸽血红的高品质红宝石，每克拉已超55万美元。近几年莫桑比克的无烧红宝石因其上乘的品质渐渐走红，价格也直线上升。因此，越大的红宝石其价格越高。

红宝石颜色的鲜艳程度也是影响其价值的主要因素，颜色鲜艳、纯正浓烈如鸽血一般的最佳。由于天然红宝石多数裂纹和包体较多，所以净度极高的红宝石是十分罕见的，相反，为了改善红宝石的净度，有许多红宝石经过不同程度的裂隙充填处理，在购买时要十分注意。

▨锥形缅甸天然鸽血红
红宝石戒指及耳环

▨红宝石配钻石手链

❀缅甸星光红宝石手链

影响红宝石品质的还有处理等级。市面上很多红宝石都经过热处理，由于红宝石的价值对颜色的色调、浓度、饱和度都有非常严格的要求，所以购买时务必寻求可靠的权威实验室证书支持。如瑞士的GRS实验室，该实验室可以对红宝石的颜色等级和产地做出详细客观的评价。他们的红宝石鉴定证书将红宝石处理分为影响宝石价格的几个等级，比如"No indication of thermal treat-ment"指无热处理或优化处理迹象；E级优化处理，包括加热后净度或颜色优化，愈合裂隙及洞痕处没有残留物或含微量外来残留物，视为永久性处理；H级热处理，无残留物（传统优化处理）；H（a）级热处理，有微量残留物；H（b）级热处理，有少量残留物；H（c）级热处理，有中量残留物；H（d）级热处理，有明显残留物；H（Be）级以化学元素进行的热处理。一般来说，无处理的红宝石的价格是H级的1.5倍，是H（a）级的3倍，再往下的处理等级只能作为装饰品，没什么收藏价值。

　　收藏和投资刚玉宝石，尤其是红宝石，鉴别其颜色的成因是非常重要的，但是，其鉴定难度却非常高，在高端彩色宝石方面，瑞士宝石研究鉴定所出具的GRS证书值得推荐，其证书的特色是可以指出红宝石、蓝宝石、祖母绿和其他宝石的产地和优化处理情况。目前只在泰国曼谷和中国香港两地有实验室。

红宝石配钻石项链

× 蓝宝石

　　蓝宝石是不含铬元素的刚玉宝石，由于其中混有少量钛和铁杂质，所以显现蓝色。自然界中的宝石级刚玉除红宝石外，其余各种颜色如蓝色、淡蓝色、绿色、黄色、灰色、无色等，都称为蓝宝石，除了蓝色蓝宝石以外，其余也称为彩色蓝宝石（Fancy Colored Sapphire）。由于蓝宝石色彩太丰富，有让人仿佛进入梦幻的童话世界一般的错觉，故香港人爱把它们称作幻彩蓝宝石。

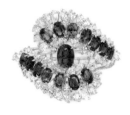

▨粉色蓝宝石戒指

　　蓝宝石最重要的也是看颜色，微紫蓝色、纯正鲜艳的蓝色是最理想的颜色，被称为最有幸福感的蓝色。犹如高原明朗天空般的靛蓝色，纯净中又带有一丝紫色，因与德国的国花矢车菊颜色相似而命名。目前国际市场蓝宝石的价格每克拉可达9万～10万美元。另一种珍贵的蓝色则是皇家蓝，与矢车菊蓝纯净的天空色不同，皇家蓝显得更高贵典雅，被称为蓝宝石中的贵族。缅甸和斯里兰卡都有此种色调的蓝宝石出产。相对而言，斯里兰卡的皇家蓝更为深邃。缅甸蓝色蓝宝石的价格在2万～6万美元1克拉，在香港国际珠宝展上，14克拉的缅甸蓝宝石卖到576万元人民币。

▨斯里兰卡天然蓝宝石戒指

※彩色蓝宝石配钻石项链及耳环

# 蓝宝石名片

### 晶系及结晶习性

刚玉属三方晶系，晶体常呈桶状、柱状，少数呈板状

### 光学性质

颜色——蓝宝石的蓝色大多由铁、钛离子致色

光泽——抛光后呈现亮玻璃光泽至半金刚光泽

折射率——折射率为1.726～1.770，双折射率为0.008～0.010

发光性——无发光性

多色性——二色性

### 力学性质

解理——不发育，但常常具有裂理

密度——4.00g/cm³

硬度——摩氏9

### 蓝宝石的颜色、产地及鉴别

蓝宝石的常见颜色有蓝色、蓝紫色、深蓝色、蓝绿色、黄色、橙色、粉色、无色等。其中最著名的当属"矢车菊蓝"，这种得名于矢车菊的蓝宝石，产自于克什米尔高原，它的蓝色具有高饱和度及明亮度，呈现一种朦胧的略带紫色色调的浓艳蓝色，给人以天鹅绒般的外观，被誉为蓝宝石中的极品。

蓝宝石的主要产地在缅甸、泰国、斯里兰卡、马达加斯加、老挝、柬埔寨，以及中国等国家，但克什米尔地区与缅甸是出上等蓝宝石最多的地方。

缅甸蓝宝石颜色饱和度很高，上等者具有独特而漂亮的蓝色或蓝紫色反射色，使宝石颜色更加柔和典雅。泰国蓝宝石主要为蓝色中的深色调，透明度不高，常发育六边形色带。斯里兰卡蓝宝石具有丰富的颜色以及高透明度，著名的帕帕拉恰（Padparadscha）蓝宝石便发现于这里，这是一种具有极佳饱和度与亮度的粉橙色蓝宝石，色泽艳如新绽夏莲，故又名莲花蓝宝石。

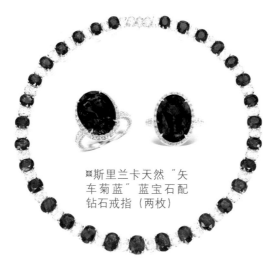

▨斯里兰卡天然"矢车菊蓝"蓝宝石配钻石戒指（两枚）

▨皇家蓝蓝宝石配钻石项链

**莲花蓝宝石戒指**

　　此戒指镶嵌椭圆形莲花蓝宝石，浓郁及柔和的粉橙色彩展现了高贵典雅的气质，整体设计简洁大方。

### 蓝宝石的优化处理及鉴别

蓝宝石的晶体一般较洁净，即使不太透明的，在光照下也能看到从宝石内部深处反射出来的较明亮的蓝光。优质的蓝宝石应没有明显的颜色条带，但若是天然未加工的蓝宝石就会有这些条带。与红宝石不同，选购蓝宝石时要将宝石放到10倍放大镜下观察，没有裂纹等瑕疵的才是优质蓝宝石。

热处理是蓝宝石常见的优化处理办法，我们在购买刚玉宝石时一定会问卖家："这块宝石烧过吗？"这个"烧"说的就是热处理。经过热处理的蓝宝石，常出现颜色不均匀，如色块呈格子状出现。斯里兰卡有一种乳白色的刚玉"Geudas"经过热处理后呈现漂亮的蓝色，但仔细观察可看见这蓝色常集中在不规则的色带和色斑里。烧过的蓝宝石中的固态包体也会因部分溶解和破坏而呈现断裂等现象。

**▓缅甸皇家蓝蓝宝石配钻石项链及耳环**
此套首饰选用的无烧蓝宝石颜色幽蓝明净，整体造型恬静典雅，豪华夺目。

染色处理也是蓝宝石常见的处理办法，除了过于浓艳的蓝色需要引起您的注意外，近期的染色蓝宝石颜色逐渐趋于自然，但经过放大检查仍可以观察到染料集中于裂隙中。

### 蓝宝石的选购

近两年里，红、蓝宝石迅速受到国内藏家的追捧，市场行情一路上扬，红宝石价格每年递增50％以上，蓝宝石价格递增也不低于20％。2013年，一款3.1克拉红宝石戒指在上海拍卖行的成交价达30万元，而相似的戒指在一年前的拍卖成交价在20万元左右。红、蓝宝石受到人们的青睐和热烈追捧，是因为红、蓝宝石产量稀少，矿产资源极度缺乏，且达到宝石级别且颗粒大的宝石无从寻觅。相比钻石而言，红、蓝宝石有比钻石更加丰富多彩的颜色，正是这些因素决定了红、蓝宝石的价值及市场走势。

▨粉色蓝宝石裸石

▨缅甸天然蓝宝石配钻石项链

▨星光蓝宝石裸石

※黄色蓝宝石戒指

　　在彩色蓝宝石中，不少品种还是升值洼地。比如莲花蓝宝石在市场上极少露面，它的价格反而增长较慢，与其他宝石相比有极佳的收藏与投资价值。

　　根据蓝宝石的色调，可分为纯蓝、紫蓝、乳蓝、黑蓝、绿蓝等色，其中以中等明度、没有绿色色调的纯蓝色为最佳色。颜色太暗或太淡价格就会很低。克什米尔级的蓝宝石颜色浓郁，好似不太透明的天鹅绒状，这种颜色的宝石是很优质的。在颜色众多的蓝宝石中，有一种非常珍贵的宝石呈金黄色，被称为"金黄宝石"，这种宝石以金黄色调为好。若金黄色和蓝色相互交织，就会形成一种"鸳鸯宝石"，非常珍贵。紫色蓝宝石存世量很低，超过4克拉的天然紫蓝宝石一年的产量只有几十颗，仅在去年一年价格就上涨了3倍，但与蓝色蓝宝石比较，其升值空间还很大。粉

皇家蓝蓝宝石配钻石项链

色蓝宝石一般分为玫瑰和嫩粉两种色调，国际上超过5克拉的天然粉色蓝宝石已非常罕见。橘色蓝宝石若橙中带红则属上品，绿色、黄色的蓝宝石若颜色够浓郁、质地够纯净也是收藏佳品，黄色蓝宝石的产量相对粉色蓝宝石和紫色蓝宝石多，但比蓝色蓝宝石少，目前的价格堪称是蓝宝石当中的超低价。

　　蓝宝石的颜色好坏直接影响其价值的高低，而优质颜色的蓝宝石在自然界中的产量非常稀少，因此，市场上对蓝宝石的颜色进行优化处理是非常常见的现象。一般而言，简单的加热处理改善蓝宝石的颜色在业内是被认可的，这些改善蓝宝石颜色的处理方法在销售中需要特别说明。例如，铍扩散处理，辐照处理等。

# 绿柱石类宝石

　　绿柱石类宝石是指以矿物绿柱石为原料的一类宝石的总称，绿柱石是一种铍-铝硅酸盐矿物，由于绿柱石的形成条件不同，致使其中所含的致色离子不同而呈现不同的颜色，因而形成不同的宝石亚种。分为含铬的祖母绿（Emerald），含铁的海蓝宝石（Aquamarine）、含锰或铯的铯绿柱石（Morganite）、含铁的金色绿柱石（Heliodor）等几个品种。

※海蓝宝石胸针

※黄色绿柱石吊坠

绿柱石的铍元素主要分布于岩浆成因的花岗岩中，目前发现的多数绿柱石产于岩枝状的花岗岩中，这种岩枝状岩体是岩浆活动晚期的气液充填围岩的裂隙形成的，由于有充分的结晶时间因而结晶单晶体都很大，地质上称它们为伟晶岩。世界上很多地方都有花岗岩分布，但仅在巴西、阿根廷、阿富汗、非洲、印度、马达加斯加、中国和美国等国家的少数伟晶岩中才有绿柱石矿化，而且从这些成矿区开采的数以千吨的伟晶岩型绿柱石矿物中仅有少数能作为宝石使用。因此，绿柱石类宝石比较稀少，并且随着接近地表的伟晶岩体逐渐被采完，这种宝石将更为罕见。

## ※ 祖母绿

祖母绿是绿柱石类宝石家族中最珍贵的宝石，由于其含有微量元素铬而形成清新艳丽的翠绿色，俗称绿宝石。祖母绿和钻石、红宝石、蓝宝石、金绿宝石一起统称为世界五大名贵宝石。在宝石的国际市场上，优质祖母绿有时比钻石还要贵。

※八角形哥伦比亚天然祖母绿手镯

※祖母绿配钻石耳环

※哥伦比亚祖母绿配钻石项链

**✖天然哥伦比亚祖母绿配钻石项链**
此项链所镶祖母绿颗粒极大，通体颜色艳丽深
邃，清澈透明，净度极佳，项链美颜璀璨。

　　祖母绿的主要产地有哥伦比亚、巴西、津巴布韦、坦桑尼亚等。祖母绿的物理特性，特别是密度及多色性，因产地的不同而有差异。典型的祖母绿的颜色呈现出一种特殊的绿色，色泽显得浓艳而不浮华。优质的祖母绿是略带蓝色调的翠绿色，颜色显得浓艳、纯正、均匀，给人的视觉效果柔和而富有绒感。由于祖母绿形成于高温气成热液矿，所以绝大多数祖母绿晶体中多少有点瑕疵。祖母绿性脆，本身裂隙较多，所以常被加工成八面阶梯形，也称祖母绿形，而不像钻石、红宝石、蓝宝石多被加工成刻面形。这种琢型能充分显示祖母绿的优美颜色，同时又去掉四角，便于镶嵌得更牢固，使易脆损失降到最低程度。

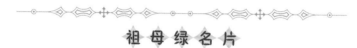

## 祖 母 绿 名 片

**化学成分**

　　铍-铝硅酸盐矿物，含有铬、铁、钛等微量元素

**晶系和结晶习性**

　　六方晶系，柱面发育纵纹

**光学性质**

　　颜色——祖母绿为铬离子致色的特征翠绿色，可带黄色或蓝色色调，色泽柔和又明艳，似丝绒般质感

　　光泽——玻璃光泽，透明至半透明

　　折射率——1.577~1.583

**力学性质**

　　解理——具有一组不完全解理

　　硬度——摩氏7.5~8

　　密度——2.67~2.90g/cm³，因产地不同可稍有差异

× 祖母绿的品种

根据特殊光学效应和特殊现象的品种划分，可将祖母绿分为以下三个品种。

### 1.祖母绿猫眼

祖母绿可因内部有一组平行排列的管状包体而产生猫眼效应，但不常见。

### 2.星光祖母绿

这一品种极为稀少，有三组包体或未知魅力造成星光现象。

### 3.达碧兹祖母绿

祖母绿中还有一种具有特殊生长结构的品种，被称为达碧兹祖母绿。穆佐产出的达碧兹祖母绿中间有暗色核和放射状的臂，是由碳质包裹体和钠长石组成，有时有方解石和黄铁矿。契沃尔产出的达碧兹祖母绿中心为绿色六边形的核，从核的六边形棱柱向外伸出六条绿臂，在臂之间的"V"形区中是钠长石和祖母绿的混合体。

✖ 天然猫眼祖母绿配钻石戒指

✖ 素面天然巴西猫眼祖母绿配钻石戒指

✖ 达碧兹祖母绿配钻石戒指

祖母绿吊坠

## ✕ 祖母绿的优化处理及其鉴别

全球的实验室及珠宝商对祖母绿优化处理的概念和界定有不同的观点和理解，这也是阻碍祖母绿市场良性发展的障碍之一。注油处理技术用于祖母绿是极为普遍的，事实上注油遮蔽了裂隙、改善了透明度。但随着时间的推移，油干涸后会使祖母绿原来的裂隙变得更加明显。也有采取注有色油的方法，仔细观察这种祖母绿，可以清楚地看到其内部的绿色油沿裂隙呈丝状分布，干涸后的裂隙处可见绿色染料。油受热后会沿裂隙渗出，用镜头纸擦拭其表面可检验渗出现象，严重时可以在镜头纸上留下明显的绿色油迹，某些有色油在紫外光下可发出荧光。因此，对有直达表面开放裂隙的祖母绿应采取谨慎小心的态度。

目前我们国家的标准是，无色油充填裂隙属于优化，而有色油充填裂隙属于处理，必须在销售中注明。注胶处理也是近代充填祖母绿裂隙的常见方法，是通过注入与祖母绿折射率相同的有机胶完成的。注胶后的祖母绿裂隙已不再明显，充填区有时呈雾状，可见流动构造和残留的有机胶气泡。反射光下充填裂隙可见黄色干涉色，即所谓的闪光效应。露出表面的充填物光泽明显较弱，反射光下可看出与被充填的祖母绿呈凹凸不平的现象，由此证明充填物硬度较低。

哥伦比亚极微油达碧
兹祖母绿裸石

## ✕ 合成祖母绿及其鉴别

由于优质祖母绿十分稀少，所以合成祖母绿在市场上也经常出现，其中国内消费者在新马泰旅游中经常买到所谓的绿宝石都是合成祖母绿。美国的林德（Linde）公司、查塔姆（Chatham）公司、法国的吉尔森（Gilson）公司、日本的伊纳莫里（Inamori）公司，以及俄罗斯、澳大利亚、中国均能生产出合成祖母绿。

其实，天然祖母绿与合成祖母绿有一个明显的区别就是洁净度，天然祖母绿由于在成矿过程中经历了复杂的变质过程，所以往往内含许多矿物包体和裂纹，洁净度高的几乎没有，而合成祖母绿通常具有很高的净度，偶有少量细小的包体，裂纹则很少见到。所以，当你见到粒度较大但内部非常洁净的祖母绿时应提高警惕！

✖哥伦比亚祖母绿配钻石首饰套装

### ✕ 祖母绿的选购

祖母绿的首要评价因素是颜色，它迷人的绿色是由于含有铬或钒元素造成的，不同地区出产的祖母绿色调会有一些细微差别，而这些差别会造成价格的差异。中等色调、高浓度且纯净的绿色的祖母绿为最佳。就市场上来说，绿中微带蓝的祖母绿最受欢迎。一粒拥有鲜绿色彩的祖母绿的价格可以比一粒浅绿的祖母绿高出100倍。灰色或咖啡色调对祖母绿的价格则会有负面影响，而一颗颜色、净度皆佳的祖母绿其价值可以超过同等重量的钻石。优质宝石级祖母绿多为0.2克拉至0.3克拉，大于0.5克拉的比较少见，优级色正透明无瑕的祖母绿大于2克拉的都很少，所以，相对于其他宝石来说，祖母绿的价格是很高的。祖母绿在地壳中的发育非常困难，且经历的时间漫长。晶体在形成过程中要经历无数的地质变化才能形成这般珍贵稀有的翠绿色。所以，对于祖

✕枕形天然哥伦比亚祖母绿配钻石耳环

✕祖母绿配钻石鹦鹉形胸针

母绿的净度评价标准相比其他的彩色宝石是比较宽松的，祖母绿的内含物、裂纹总是非常普遍且多种多样，甚至可以依据它们判断其产地。清澈无瑕的祖母绿是极为罕见的，一粒超过3克拉的比较洁净祖母绿已是相当稀有且昂贵。

世界上最优质的祖母绿产自哥伦比亚，除哥伦比亚外，祖母绿的产地还有俄罗斯的乌拉尔山、津巴布韦的桑达瓦纳、印度的拉贾斯坦邦以及巴西、赞比亚、奥地利、澳大利亚、南非、坦桑尼亚、挪威、美国、巴基斯坦等。祖母绿市场最大的问题是欠缺稳定的货源，自20世纪以来，再也没有发现大规模的祖母绿原矿，而目前现有的祖母绿矿区每年的开采量却在持续下降，部分祖母绿出产国甚至限制祖母绿的开采量，供需矛盾日益突出。2013年祖母绿的价格上涨了20%～30%，国内市场看好的主要是产自哥伦比亚和津巴布韦的未经处理的祖母绿。

▨祖母绿配钻石项链

## ※ 海蓝宝石

海蓝宝石是天蓝色至海水蓝色的绿柱石宝石，英文名称源于拉丁语Sea Water（海水），因其颜色酷似海水蓝而得名。古代人们赋予海蓝宝石以水的属性，认为它是海水之精华，所以航海家用它祈祷海神保佑航海安全，称其为"福神石"。海蓝宝石远不及祖母绿珍贵，但长期以来却一直因其美丽纯净的颜色受到人们的喜爱。

海蓝宝石实际上是一种含铁的绿柱石宝石，致色的是二价铁离子。世界上优质的海蓝宝石主要产自巴西，占世界海蓝宝石产量的70%以上，俄罗斯的乌拉尔山也是优质海蓝宝石的重要产出地。

▧海蓝宝石裸石

▧海蓝宝石晶体

▧海蓝宝石戒指

# 海蓝宝石名片

**化学组成**

铍-铝硅酸盐

**晶系与结晶习性**

六方晶系，柱面发育纵纹，有时晶体发育有六方双锥面

**光学性质**

颜色——不同色调的蓝色

光泽——玻璃光泽，多为透明，少量可呈半透明至不透明

折射率——1.577~1.583

**力学性质**

解理——具有一组不完全解理

硬度——摩氏7.5~8

密度——2.72g/cm³

**内外部显微特征**

海蓝宝石内部常含有液相、气液两相或气液固三相包体，有时呈断断续续的雨丝状

## ✕ 海蓝宝石与相似宝石的鉴别

我们在市场上最常见到与海蓝宝石相混淆的宝石是蓝色托帕石。二者颜色、折射率与内部包体都较为相似，但仔细观察检测能够区分。

首先，海蓝宝石为天蓝或湖蓝色调，可带有黄色、绿色色调，且颜色一般较浅。而蓝色托帕石的颜色通常透彻明亮，为较深的蓝色调。其次，托帕石密度为3.53g/cm³，用手掂量相同尺寸的两颗宝石，托帕石比海蓝宝石重。若是用便携式分光仪观察吸收光谱，海蓝宝石具有427nm强吸收线，而托帕石则不见特征吸收。

海蓝宝石裸石

▨蓝色托帕石裸石

　　蓝色碧玺也较易与海蓝宝石相混淆，但碧玺折射率高于海蓝宝石，这一点较易观察，且碧玺放大检查还可见到后刻面棱线重影。

▨海蓝宝石吊坠（左）与蓝色碧玺吊坠（右）

### ✂ 海蓝宝石的优化处理及其鉴别

无色或浅淡颜色的海蓝宝石有时会在表面覆有色塑料层，以此来增加绿柱石的颜色，使其直观颜色更为鲜艳，从而能有一个较高的价格。在购买时可用10倍放大镜进行观察是否有部分薄膜脱落的现象。

### ✂ 海蓝宝石的选购

近年来，海蓝宝石逆市而涨，关注它的人也越来越多。但并不是随便买进什么样的海蓝宝石都能升值。与祖母绿不同，海蓝宝石通常具有较好的洁净度和较大的晶形。所以，决定海蓝宝石价值的主要因素是大小和颜色。以明洁无瑕、浓艳的艳蓝至淡蓝色者为最佳。国际上，超过几十克拉的海蓝宝石并不少见，一般呈深海水蓝色的宝石较浅海水蓝色的宝石价格高30%～50%左右。海蓝宝石还因其内部含有定向排列的针状和雨状包体，经过加工后可形成猫眼效应，海蓝宝石猫眼也属于具有较高价值的品种之一。猫眼线越清晰，宝石底色越深，其价值越高，往往数倍于普通海蓝宝石。具有较大液态包体被称为水胆海蓝宝石的价格同样不菲，且产量稀少。而真正有收藏价值的海蓝宝石一般体积

❋海蓝宝石裸石

❋海蓝宝石配钻石手镯（一对）

**※天然海蓝宝石配钻石吊坠**
此吊坠主石清澈透明，颜色如海之蓝、天之湛，与钻石搭配，熠熠生辉。

都较大，只有够大颗的才能展现海蓝宝石的色泽，才会有较高的升值潜力。

与海蓝宝石形态相似的天然宝石有蓝色黄玉和改色锆石，这些收藏价值不高的中低档石种常常假冒海蓝宝石，让不少藏识不精的集藏爱好者上当受骗。海蓝宝石与这两种宝石的区别主要在于比重小、颜色清淡、折射率较低等方面。在国内，海蓝宝石市场价格大约是5克拉或者5克拉以下的在200～500元/克拉，5克拉以上的在400～2000元/克拉。2013年春季，海蓝宝石成为各大珠宝展览会、拍卖会的抢手品类，100克拉以上，重量、颜色浓度大的半成品，每克拉价格已经升至2000元以上。相比两年前，海蓝宝石的价格大幅度上涨了30%～50%。与往年那种重量不重质的概况相比，市场对于海蓝宝石质地的要求也明显提升，无论是消费者还是业内人士，都更懂得欣赏海蓝宝石了。

颜色偏深、外观向蓝宝石"靠拢"的巴西米纳斯吉拉斯州海蓝宝石成为中国市场最受追捧的产品，价格高达几十万甚至几百万元！在2013年3月的亚洲规模最大的珠宝展、世界珠宝市场的风向标——香港珠宝展上，海蓝宝石成为内地商家竞相订购的对象，部分销售海蓝宝石的商家，单日展会订单就有几千万港元，盛况空前。不过，由于优质海蓝宝石的产量相对较大，所以，作为收藏级别的海蓝宝石，其重量至少应超过100克拉，并且最好是没有被雕刻的半成品。

## ※ 摩根石

摩根石（Morganite）主要产于巴西，是一种产量相当少的含锰和铯的绿柱石宝石。摩根石的颜色有橙红色和紫红色两种，异常娇艳。其名源自美国一位著名的宝石爱好收藏家亦是一位银行家的名字——约翰·皮尔庞特·摩根。摩根石因含有锰元素才得以呈现出如此明丽的粉红色。其产地主要集中在巴西、俄罗斯、美国和非洲等地，在中国的新疆、云南和内蒙古等地也发现了摩根石，但是产量较少。由于摩根石产量稀少，因此价值高昂、珍贵，更加受到人们的喜爱和追捧。2013年8月，一块世界最大的宝石级摩根石在美国南加州保尔博物馆展出，吸引众多参观者前往观赏，这块摩根石的重量达到1377克拉。

▨天然粉色摩根石配粉
色蓝宝石及钻石耳环

▨摩根石吊坠

▨摩根石裸石

# 摩 根 石 名 片

**化学组成**

铍-铝硅酸盐

**晶系与结晶习性**

六方晶系，柱面发育纵纹，有时晶体发育有六方双锥面

**光学性质**

颜色——因由锰致色，同时含有少量稀有金属铯和铷，颜色包括粉红色、粉橙色、浅橙红色到浅紫红色、玫瑰色、桃红色

光泽——玻璃光泽，多为透明，少量可呈半透明至不透明

折射率——1.577～1.583

二色性——明显，从不同的角度观察，可发现摩根石呈现出偏向浅粉红和深粉红带微蓝这两种精致微妙的色彩

**力学性质**

解理——组不完全解理

硬度——摩氏7.5～8

密度——2.80～2.90g/cm³

## ✕ 摩根石与相似宝石的鉴别

摩根石与浅粉色的石榴石或尖晶石相似，但较好区别。石榴石与尖晶石都为光性均质体，观察不到二色性，而摩根石二色性明显，不同方向可观察到浅粉色和蓝粉色。且石榴石和尖晶石的折射率和密度均大于摩根石，看起来光泽感更强。

## ✕ 摩根石的优化处理及其鉴别

橙黄色的绿柱石可经过热处理得到粉红色绿柱石即摩根石。这种处理办法产生的颜色较为稳定，肉眼无法鉴别，可被人们接受。

■粉色石榴石吊坠

■粉色尖晶石耳环

■粉色摩根石吊坠

### ✕ 摩根石的选购

以前在国内摩根石基本不被人所知，但是这两年开始受到越来越多人的喜爱，主要是由于其美丽的粉红色。作为收藏级别的摩根石，其颜色艳丽没有灰色调是首要的条件，其次是比重量的要求，由于大颗粒的摩根石并不罕见，所以上百克拉的摩根石才有较高的价值，这与其同族宝石祖母绿是有天壤之别的。另外，天然摩根石的包体虽然没有海蓝宝石干净，但比起祖母绿来说还是纯净很多，所以，收藏级别的摩根石对净度的要求也很高，尽量选择无瑕或微瑕的宝石。

▨摩根石配钻石戒指

目前普通的摩根石颜色为桃红色，其中小颗粒者通常在每克拉数美元，大颗粒者可达每克拉数十美元。摩根石未来的升值空间取决于市场需求和供应之间的关系，如果市场需求加大而供应能力保持不变甚至下降，再加上摩根石目前的绝对克拉单价很低，因此价格上行的空间还是比较大的。目前市场中最受欢迎、最稀缺和价格最高的摩根石为浓粉带紫色，它的价格可达每克拉数百美元。从收藏的角度来看，应当尽量挑选具有最佳颜色、切工好且重量大的摩根石作为收藏的主要目标。藏家可通过其高品质和相对高的稀有性，获得收藏乐趣和收藏价值回报。

▨摩根石配钻石戒指

▨摩根石水滴形吊坠

# 碧玺

碧玺在矿物学上被称为"电气石"，在宝石界，碧玺是一个族群的名称，颜色多样。碧玺的成分较为复杂，所以，显现的颜色也复杂多变。国际珠宝界基本上按颜色对碧玺进行了多种商业品种划分，颜色越浓艳价值越高。一般常见的颜色有红碧玺、绿碧玺、蔚蓝碧玺、黑碧玺、紫碧玺、无色碧玺、双色碧玺、西瓜碧玺、多色碧玺等。

## 碧玺的品种及特征

| 品种 | 特征 |
|------|------|
| 红色碧玺 | 是对粉红至红色碧玺的一个总称。红色碧玺在宝石市场，以紫红色和玫瑰红色为最好，在中国也有叫"孩儿面"的。但在自然界，大都以棕褐、褐红、深红色较多，色调变化也很大 |
| 绿色碧玺 | 黄绿至深绿以及蓝绿、棕色碧玺，这些色总称为绿色碧玺，一般翠绿和红绿双色（西瓜碧玺）的碧玺，在宝石市场最受欢迎，价格也相对较高 |
| 蓝色碧玺 | 包括浅蓝色至深蓝色碧玺。蓝色碧玺在市场上较为罕见，是现在碧玺市场中价值最高的色种。其中，产于土耳其的帕拉依巴蓝绿色碧玺最为珍贵。这种碧玺20多年前在巴西的帕拉伊巴州被发现，在此之前，人们从未发现带有电光蓝色的碧玺色调。1989年，这些拥有令人们着迷的颜色的碧玺从黑暗的矿洞中被带了出来。在1990年的图森宝石展期间，帕拉伊巴碧玺的价格在短短四天内飙升了近10倍。由于其内部含有铜元素，因此会呈现出自然而鲜艳的蓝绿色，即便是在自然光或无光源的环境中，也会散发出霓光色泽，这是帕拉依巴碧玺最吸引人的特色之一 |
| 多色碧玺 | 由于碧玺色带显现的颜色复杂多变，内有多种色带，常在一个晶体上出现红色、绿色的二色色带或三色色带。特别是有一种色带也可以Z轴为中心由里向外形成色环，呈现出内红外绿，像西瓜一样，所以被称为"西瓜碧玺" |

碧玺

# 碧 玺 名 片

## 化学成分

碧玺是一种极复杂的硼铝硅酸盐，按化学成分可分为镁电气石、黑电气石、锂电气石和钠锰电气石

## 晶系和结晶习性

碧玺属三方晶系，柱面纵纹发育，垂直纵轴断开后可观察到横断面为球面三角形，为电气石晶体的鉴定特征。碧玺也可作集合体产出，呈放射状、束状、棒状等，可作为很好的观赏石

## 光学性质

颜色——碧玺颜色众多，质纯者无色，但碧玺通常可呈玫瑰红、粉红、绿、蓝绿、浅蓝、蓝、深蓝、黄绿等多种颜色，同一晶体内外或不同部位可呈双色或多色

光泽——透明至不透明

折射率——1.624～1.644

多色性——具有中—强的多色性，观察晶体方向，可见深浅不同的体色

**力学性质**

硬度——摩氏7~8

密度——3.06g/cm³

解理——无解理

**电学性质**

碧玺具有压电性以及热电性，在温度改变或沿特殊方向受力时或产生电荷。碧玺宝石也是自然界中唯一一种同时具有压电性以及热电性的矿物，因此被相信对人体局部循环有良好的作用

## ❈ 碧玺的优化处理及其鉴别

碧玺常见的填充处理方法是注胶，其目的是改善碧玺的通透度，使其达到人们可接受的范围内。同时，这种方法可以提高碧玺的利用率，使许多原来裂隙特别发育的不能被加工的碧玺可以被最大限度地利用起来。这种方法主要适用于品质在中低档的碧玺，因为这类碧玺内部裂缝很多，透明度较差，有的甚至不能被加工，需要进行填充处理。这种处理方法需要用树脂一类的透明材料进行填充，减少宝石中的可见裂缝和杂质，这会大大改善光线折射，碧玺看上去也更清澈了，由此改善了通透度。

❈红色碧玺吊坠　　　　　　　❈碧玺耳环

※碧玺戒指

目前市场上90%的珠串类碧玺和部分雕刻的挂件几乎都经过不同程度的充填处理，而大部分碧玺戒面是天然未经处理的。经过处理的碧玺在日常佩戴中完全没有问题，充填甚至会增强碧玺抗磕碰的强度，也不会对人身体造成不良影响，但是，它们不具有收藏和投资的价值。

## ※ 碧玺与相似宝石的鉴别

碧玺是一种美丽的宝石，但由于其价格不断攀升，市场上的仿制品也屡见不鲜，但是由于碧玺的化学成分十分复杂，很难人工合成，所以常见的是用特殊技术改造的无色水晶或玻璃，再通过染色的手段达到碧玺的效果，这样的仿品被人们称为"爆花晶"，是碧玺仿品的一种常用手段。爆花晶是将无色水晶或玻璃通过剧烈的热胀冷缩，使晶体内部产生裂隙，再通过染色将颜色浸染进裂隙。这样的晶体颜色分布极度不自然，颜色集中在裂隙处。而高品质的天然碧玺没有这样的裂隙，即使是有裂隙的碧玺，颜色也不会这样集中在裂隙中。

※仿冒糖果色碧玺或西瓜碧玺的加色白水晶珠串

## ※ 碧玺的选购

选购碧玺时，要注意透明度、纯净度、成色三个方面。

对碧玺来说，越透明质量就越好，好碧玺必须晶莹剔透，不能有明显雾感或不透明。越纯净的碧玺价值就越高，但由于碧玺性质比较脆，很容易产生裂隙，而其内部通常会有大量包裹体，这些影响了碧玺的透明度、颜色和火彩。在挑选时，尽量挑选内部干净的，若其内部十分纯净，这种碧玺就属于上品，非常难得。

※彩色碧玺手串

碧玺有多种颜色，其中以红色、蓝色、绿色较为名贵，若选择镶嵌碧玺首饰，也以红色、蓝色、绿色为好，而且颜色要均匀亮丽；若选择项链和手链，颜色就越多越好，最好能搭配出多种不同的色彩；若是双色碧玺或多色碧玺，即同一碧玺上有两种或多种颜色出现，或是内红外绿的西瓜碧玺，这些碧玺都十分珍贵，而猫眼碧玺则是碧玺中的上品。

※绿色碧玺吊坠

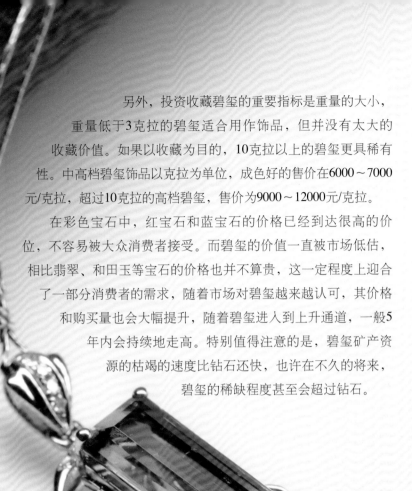

　　另外，投资收藏碧玺的重要指标是重量的大小，重量低于3克拉的碧玺适合用作饰品，但并没有太大的收藏价值。如果以收藏为目的，10克拉以上的碧玺更具稀有性。中高档碧玺饰品以克拉为单位，成色好的售价在6000～7000元/克拉，超过10克拉的高档碧玺，售价为9000～12000元/克拉。

　　在彩色宝石中，红宝石和蓝宝石的价格已经到达很高的价位，不容易被大众消费者接受。而碧玺的价值一直被市场低估，相比翡翠、和田玉等宝石的价格也并不算贵，这一定程度上迎合了一部分消费者的需求，随着市场对碧玺越来越认可，其价格和购买量也会大幅提升，随着碧玺进入到上升通道，一般5年内会持续地走高。特别值得注意的是，碧玺矿产资源的枯竭的速度比钻石还快，也许在不久的将来，碧玺的稀缺程度甚至会超过钻石。

▨西瓜碧玺吊坠

▧多色碧玺吊坠

广受藏家喜爱的是颜色纯正的红碧玺，品质优良的西瓜碧玺也是在国际交易市场上的宠儿。绿色碧玺中铬碧玺呈鲜艳的绿色，可与祖母绿相媲美，更是绿色系列碧玺中的珍品。同时，由于纯正蓝色的碧玺非常稀少，目前其市场价格几乎与艳红色的碧玺不相上下，所以蓝碧玺也是收藏的不错选择。具有独特霓红蓝色的帕拉伊巴碧玺因其产量异常稀少，色泽独特，闪烁通透，独具荧光效果等迷人特征被尊为碧玺之王。帕拉伊巴碧玺矿藏量非常稀少，往往全球每月只有数十克拉产出，它们还要面对挑选和切磨，成品帕拉伊巴碧玺更加稀少，其中品质上乘的更是凤毛麟角。因此，优质帕拉伊巴碧玺每克拉单价约在2万美元。西瓜碧玺也是收藏者们的心头好，2000年时，1克拉西瓜碧玺的价格普遍在人民币600元左右，即使是20克拉以上的西瓜碧玺，每克拉价格也不过人民币2000元，但2011年，5克拉重的西瓜碧玺，即使成色不是特别好，每克拉的价格也在6000元左右。大颗粒西瓜碧玺，数量稀少，故价格较贵。一枚重量30克拉的西瓜碧玺戒面大概40万元，平均1克拉10000多元。

▧红色碧玺吊坠

绿色碧玺戒指

※蓝色碧玺珠链

　　碧玺饰品近两年的价格呈现快速上升的状态，比2010年年初的价格平均升幅已经超过1倍，基本与翡翠价格升速持平，而高于红、蓝宝石的升速。其中，3克拉以上的碧玺，价格升幅最快。2011年年底价格较年初也有2~3倍增长，每克拉价格已高至2000元。其中价格最高的土耳其蓝色帕拉依巴碧玺更是价值不菲，一颗10克拉以上的帕拉依巴碧玺2011年下半年的价格约为13万元/克拉。越是顶级的碧玺，未来的升值空间越大。重量在10克拉以上、色度和透明度都比较好的优质碧玺价格涨得很快，到2013年，质量上乘的碧玺价格较2012年年初上涨了四成左右。

※西瓜碧玺吊坠

粉色碧玺耳环

# 水晶

　　石英石是地壳中最常见的矿物之一，也是珠宝界应用较广的宝石之一。其中，单晶石英在珠宝界统称水晶。天然水晶生长在地下、岩洞中，形成环境要求丰富的地下水、饱和的二氧化硅以及高压，加上550～600℃的高温，经过漫长的时间，结晶形成水晶。几乎世界各地都有水晶产出，彩色水晶的著名产地有巴西、马达加斯加、美国以及俄罗斯等，我国的江苏是优质水晶的主要产地，其中以东海出产的水晶最著名，被称为中国的"水晶之乡"。晶体内含有伴生石的，如阳起石、金红石、电气石、角闪石、绿帘石、绿泥石、云母等，被称为包裹体水晶。普通的水晶属于中低档宝石，一般不具有收藏价值，但是，某些含有包体的特殊的水晶或块度特别巨大的水晶则具有较高的价值。

水晶摆件

❀水晶手串

# 水 晶 名 片

**化学性质**

　　它的主要成分是二氧化硅。纯净时形成无色透明的晶体，当含微量元素Al、Fe等时呈紫色、黄色、茶色等

**晶系及结晶习性**

　　水晶属三方晶系，柱状晶体的柱面上会发育有横纹。水晶晶体常发育有双晶，常见的有道芬双晶和巴西双晶

**光学性质**

　　颜色——无色、紫色、黄色、粉红色、绿色等

　　光泽——玻璃光泽，透明到半透明。如果使用便携式干涉球观察水晶的干涉图，可观察到独特的牛眼干涉图

　　折射率——1.544～1.553

**力学性质**

　　硬度——摩氏7

　　密度——2.66g/cm³

　　解理——无解理

※绿幽灵手串

# 水晶的品种及特征

| 品种 | 特征 |
|------|------|
| 无色水晶 | 无色水晶是无色透明的二氧化硅晶体，内部无裂纹等瑕疵 |
| 紫晶 | 一种紫色的水晶，颜色从浅紫色到深紫色，可带有不同程度的褐色、红色、蓝色。巴西所产的高品质的紫晶可见紫红色的闪光，而非洲所产的紫晶常带浓郁的蓝色调 |
| 黄晶 | 一种黄色的水晶，常见的颜色有浅黄色、黄色、金黄色、褐黄色、橙黄色，一般具有较高的透明度。较少出产，多为紫晶加热处理或合成黄晶 |
| 烟晶 | 一种烟色至棕褐色的水晶，亦称"茶晶"。透明度从半透明到不透明，颜色分布不均匀，可呈细密的带状或斑块状 |
| 芙蓉石 | 一种淡红色至蔷薇红色的石英，娇艳如蔷薇芙蓉，故也称"蔷薇水晶"。这种水晶单体少见，常呈块状产出。透明者少见，多为云雾状。偶见星光效应。需要注意的是，芙蓉石颜色不够稳定，长时间日照会使颜色变淡 |
| 发晶 | 无色透明水晶晶体中含有定向排列的纤维状、针状、丝状的金红石、电气石、自然金等固态包体，看起来如发丝一般。发丝的颜色由矿物包体的种类决定，如含有金红石的为金色、红色或银白色，被称为金发晶、红发晶；含有电气石的为黑色、墨绿色，被称为黑发晶；含有阳起石的则呈绿色，被称为绿发晶。天然发晶中发丝多为平直丝状，细小的有呈弯曲状的、束状的、放射状的或无规则取向分布，当这些发丝定向排列时，则可能磨出具有猫眼效应的发晶，为发晶中的精品 |
| 幻影水晶 | 无色透明水晶晶体中含有丰富的包体，这些包体形貌各异，特色十足，为水晶平添了几分神秘，如市场上常见的"绿幽灵""红兔毛"，都颇受大众喜爱 |

## ❋ 水晶与相似宝石的鉴别

黄色水晶和黄色托帕石是近来市场上都较为火热的宝石。二者颜色相近，因此常出现将黄色水晶和黄色托帕石相混淆的现象，购买时需要仔细辨别。黄色托帕石光泽比黄色水晶强，黄色托帕石的密度为 $3.53g/cm^3$，明显大于水晶。

❋托帕石配水晶戒指

水晶的仿制品主要是玻璃，在我国市场上出现用玻璃仿水晶的产品主要有玻璃球、玻璃项链和茶色玻璃镜片等。由于20世纪80年代中期的水晶球热，我国水晶球热销，不良商贩使用玻璃球仿制水晶球，具有一定的迷惑性。鉴别玻璃球和水晶球一个相对简便的方法，是将这些球置于有字或有线条的纸上，转动球体观察下边的字或线条。玻璃球下观察到的字或线条为单线，而水晶球下可观察到字或线条的重影。玻璃项链或玻璃镜片在仔细观察时一般会观察到其中的小气泡，因此购买此类产品时请多加留心。

❋黄水晶手串

茶色水晶吊坠

## ※ 水晶的选购

目前市场中具有较高价值的水晶品种之一是发晶。在所有的发晶当中，又以金色的钛晶最为稀少而贵重。所谓钛晶就是水晶中金黄色的金红石包体呈密集排列的板状或束状出现的金发晶，发晶的评价主要考虑以下几方面。

第一，晶体内部发丝要越密越好，同时发丝要顺而不乱定向排列。若发丝密而顺，呈板块状的话，就是极少有的板金了；若发丝密而顺，呈闪闪发光的猫眼状，就是极少有的猫眼（通常是圆珠容易看到）。

第二，发晶本身的体色最好是无色的，茶色的价值就低一些。

第三，水晶本身的净度越高越好，裂纹或云雾状的包体都会降低发晶的价值。

▩钛晶吊坠

▩钛晶玉米形吊坠

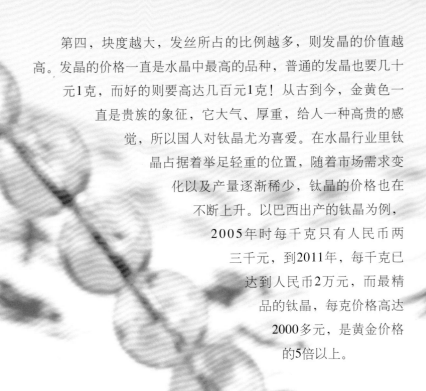

第四，块度越大，发丝所占的比例越多，则发晶的价值越高。发晶的价格一直是水晶中最高的品种，普通的发晶也要几十元1克，而好的则要高达几百元1克！从古到今，金黄色一直是贵族的象征，它大气、厚重，给人一种高贵的感觉，所以国人对钛晶尤为喜爱。在水晶行业里钛晶占据着举足轻重的位置，随着市场需求变化以及产量逐渐稀少，钛晶的价格也在不断上升。以巴西出产的钛晶为例，2005年时每千克只有人民币两三千元，到2011年，每千克已达到人民币2万元，而最精品的钛晶，每克价格高达2000多元，是黄金价格的5倍以上。

▒发晶手串

还有一个目前被市场看好，较有投资和收藏意义的水晶品种——紫晶洞。紫晶在自然界分布广泛，主要产地有巴西、俄罗斯、南非、马达加斯加，其中又以巴西米纳斯吉拉斯伟晶岩矿床中产出的紫晶质优而久负盛名。一般巴西产的多为山状紫晶洞，一剖为二就可以成为极具观赏价值的紫晶洞摆件。紫晶洞在收藏界受到珍视，更在于不少市民把它当成风水石，认为其内部密集的晶柱，彼此能量互相振动可凝聚室内的磁场，能招福挡煞，保吉祥平安，是能改善阳宅及个人磁场功能、能够聚气纳财的镇宅之物。对紫晶洞的评价有以下几个方面。

第一，要看洞的外形是否完整，形状是否周正。紫晶洞大小形状各有不同，也各有特性。若以五行来分类，可分为金型——呈三角形，就如古钟一般，下宽上窄；木型——呈修长长方形，如树干般；水型——呈下方稳定，上方作不规则波浪型，最罕见；火型——略似金型，下宽上窄的三角形，但顶端比金型尖锐，像火焰般的形状；土型——四四方方，沉稳敦厚，又称布袋型。

紫水晶晶洞

第二，要看紫晶的颜色是否艳丽，均匀。颜色越好的，其价值越高。

第三，紫晶洞外沿的玛瑙层也是重要的卖点，玛瑙层越完整，厚度越大，则紫晶洞的价值越高。

第四，有无其他矿物的共生现象，如果有发晶甚至钛晶的共生，则价值极高，一般常见的是方解石，无色水晶等与之共生。共生结构美观的为上品，杂乱无章的则为下品。

▨粉色发晶手串

# 坦桑石

坦桑石是因其最早发现于非洲的坦桑尼亚而得名，那里也是它的唯一产地——坦桑尼亚北部城市阿鲁沙附近的乞力马扎罗山脚下，坦桑石呈湛蓝色，有的略偏紫，有的从不同角度看去或蓝或紫或金黄，视觉效果清澈而温馨。坦桑石以蓝中带紫的颜色最为昂贵。

坦桑石自发现以来，因受产地产量的局限，加之优良的品质、通透的质地以及蓝宝石一样的诱人颜色，一直受到人们的喜爱和追捧，并因在泰坦尼克号中替代"海洋之心"出镜而名声大噪，其价值越来越被人们所认识，价格也一直在向上攀升。大多数坦桑石呈湛蓝色、红褐色、深紫色，经加热处理会变成像蓝宝石一样的靛蓝色；A级坦桑石呈湛蓝色，略偏紫，从不同角度观察会看到或蓝或紫或金黄的颜色变化；B级坦桑石呈深紫色，颜色变化较少；C级坦桑石呈淡紫色，从不同角度观察只有颜色深浅的变化。

▧坦桑石配钻石吊坠

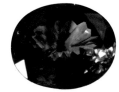

▧坦桑石裸石

# 坦桑石名片

**矿物名称**

　　达到宝石级的黝帘石

**化学成分**

　　坦桑石为含水钙铝的硅酸盐，含有钒、铬、锰微量致色元素

**光学性质**

　　颜色——常见颜色有蓝、紫蓝至蓝紫色

　　多色性——具有强的三色性特征，表现为蓝色、紫红色、绿黄色

　　光泽——玻璃光泽，呈透明状

**晶系及结晶习性**

　　晶体呈柱状或板柱状，通常晶面上有平行的柱状条纹。横断面近于六边形

**力学性质**

　　硬度——摩氏6~7

　　密度——3.10~3.45g/cm³

## ❋ 坦桑石的优化处理及其鉴别

　　坦桑石的价格持续上涨，尤其近两年大幅跃升，使一些欲购者开始更多地关注其质量问题，也有了一些顾虑，怕购买到假冒伪劣品。目前，从正规渠道销售情况及检测结果看，假冒伪劣品（经辐照、镀膜、染色、充填）概率极低。这主要取决于坦桑石特有的品种，裂隙不发育，内含物包裹体少，颜色独特，对一些带有杂色的坦桑石，也仅通过热处理，去掉杂色，并使钒的化合价由三价变为四价，产生紫色、蓝色。经过优化处理的坦桑石，颜色稳定，不可检测。

❋坦桑石裸石

▨坦桑石首饰套装

▨坦桑石配钻石戒指

　　在质检中发现，个别从非正规渠道购买的坦桑石，有镀膜现象，虽然是个例，极少数，也得引起注意。镀膜坦桑石的颜色虽然艳丽，但光泽呆滞，不灵动，颜色的界线较为分明。而天然坦桑石，颜色鲜艳，光泽灵动，色泽包容、融合，无界线，蓝中带紫，蓝中带黄绿，都十分自然。另外，镀膜的坦桑石在棱角处易出现破损，放大检查或肉眼仔细观察均能察觉。

## ※ 坦桑石与相似宝石的鉴别

首先看一下蓝宝石与坦桑石的区别。二者同为蓝色系列宝石，颜色相近，容易混淆，但商家绝不会把蓝宝石当作坦桑石出售，因此，不存在仿冒的问题。区分二者，主要看两点：第一，蓝宝石的折射率高于坦桑石，玻璃光泽也强于坦桑石；第二，蓝宝石具明显的二色性，表现为蓝、绿蓝，而坦桑石具有强三色性，表现为蓝、紫红、绿黄。

※坦桑石配黄钻项链及耳环

※坦桑石配钻石戒指

再看一下董青石与坦桑石的区别。二者也同为蓝色系列的宝石，又都具强三色性，极易混淆。区分二者主要看四点：第一，看颜色，坦桑石的三色性表现为蓝、紫红、绿黄，蓝中泛紫，而董青石的三色性表现为蓝、灰蓝、深紫，蓝中泛灰；第二，坦桑石的折射率高于董青石，玻璃光泽强于董青石；第三，坦桑石的内含物包裹体稀少，而董青石内含物包裹体较多，前者的净度和透明度都高于后者；第四，坦桑石常见的重量是十几克拉，董青石常见的重量是1～5克拉，超过5克拉净度又高的董青石不多见。

## ※ 坦桑石的选购

目前，5克拉以下的坦桑石，每克拉的价格至少1600元人民币；5～9克拉的顶级坦桑石，每克拉的价格在2400元人民币以上；10～19克拉的顶级坦桑石，每克拉的价格在2900元人民币以上；20～29克拉的顶级坦桑石，每克拉的价格在3800元人民币以上；超过30克拉的，每克拉的价格至少在4000元人民币以上。从珠宝市场销售的情况看，选择佩饰品，多数人喜欢选择十几克拉的宝石。用于投资或收藏，一般则选择20克拉以上的，因为20克拉以上的坦桑石会越来越稀有，价格也会越来越高。

坦桑石海洋之心吊坠

◙坦桑石配蓝宝石项链

◙坦桑石配钻石戒指

可以预见的是，坦桑石的价格仍将持续升高。第一，受资源的专属性和稀缺性的影响。高品质的坦桑石主要产于坦桑尼亚的里拉蒂马地区的梅勒拉尼，因地域的局限，宝石矿藏经过多年不断的开采，将会越来越少，出品率也将会逐年下降，高品质大克拉的坦桑石，成品率更会越来越稀少。物以稀为贵，坦桑石的价格上涨是必然的，也是持续性的。第二，受同色系高端宝石价格上涨的带动。蓝色系列宝石以高端蓝宝石为最高级。近年来，由于蓝宝石资源的稀缺，高品质蓝宝石价格大幅上涨，从而连带蓝色系列宝石价格普遍上涨，尤以颜色近似蓝宝石的坦桑石价格上涨最为明显。第三，受多元文化的渲染。坦桑石以蓝紫色受到东西方文化的推崇，西方文化崇尚蓝色，把蓝色定为九月生辰石的颜色，以此象征慈爱、诚谨和德高望重，并用蓝色宝石代表纯洁的心灵、坚定的信念、行为的美德。东方文化认为，蓝色具有强大的神力，可以抵御邪恶，中国人对蓝色更是情有独钟，可以说蓝色是中国人最喜爱的颜色之一。

# 托帕石

　　托帕石又称黄玉，矿物名称又称"黄晶"，因为易与黄水晶相混淆，现在较少使用"黄晶"名称。托帕石的英文名称源于红海的一座小岛，该岛名为"托帕焦斯"，意思是"难寻找"。托帕石颜色美丽、分明且硬度较大，自古以来就是较为贵重的宝石，被当作十一月的生辰石，同时又是结婚十六周年的纪念宝石，象征着友情和幸福。

　　世界上绝大部分的托帕石产在巴西花岗伟晶岩中。我国内蒙古、江西和云南等地也产托帕石。

❉托帕石项链

※托帕石吊坠

※托帕石配钻石首饰套装

## 托 帕 石 名 片

**化学成分**

托帕石为硅酸盐矿物

**晶系及结晶习性**

托帕石属斜方晶系，晶型常呈短柱状，柱面常有纵纹。采自砂矿中的托帕石多被磨蚀成椭圆形

**光学性质**

颜色——一般呈无色、黄棕色—褐黄色，浅蓝色—蓝色，粉红色—褐红色

光泽——玻璃光泽，透明

折射——1.619~1.627

二色性——较弱

**力学性质**

解理——一组完全解理，韧性差

硬度——摩氏8

密度——3.53g/cm³

内外部显微特征：托帕石与其他宝石相比，具有较少的包体，较为特殊的是可能具有在空穴中两种互不相混溶的液体和气泡

## ❋ 托帕石与相似宝石的鉴别

与托帕石相似的宝石有海蓝宝石等，但利用力学、光学性质等都可以较好地将其区分。与海蓝宝石相比，托帕石具有较高的折射率及密度，具体表现为托帕石手掂较重，且具有比海蓝宝石更亮的光泽。同时，托帕石二色性较弱，一般不易观察，而海蓝宝石具有明显的二色性，可观察到蓝色至蓝绿色的二色性。

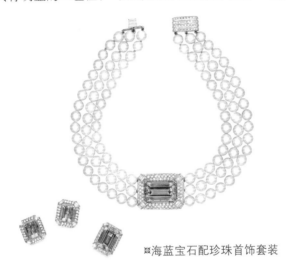

❋海蓝宝石配珍珠首饰套装

❋托帕石配钻石手链

## ※ 托帕石的选购

从颜色来看，价值最高的是天然产出的深红色托帕石，其次是粉红色，质量优良者价格昂贵，最差是黄色和蓝色托帕石。目前市场上流行的一些托帕石其颜色是经过热处理和辐照的。比如天然的蓝色托帕石非常少见，国内市场上有些蓝色托帕石是由无色天然托帕石辐射加热处理的。巴西的粉红色和红色托帕石则是该地黄色和橙色托帕石经过热处理后的产物。

※托帕石配钻石吊坠

※托帕石吊坠

# 有机宝石

## 的鉴定与选购

有机宝石是指所有与生物成因有关的宝石。包括所有因古代生物和现代生物作用而形成的符合宝石工艺要求的有机矿物或有机宝石。常见的有珍珠、珊瑚和琥珀三大类。有机宝石由于其形成的特殊性，使它与其他无机宝石相比具有特殊的质感、颜色、光泽和其他一些美丽的特性。因其形成的特殊条件和局限性，几乎所有的有机宝石，特别是某些品种，越来越受到市场的推崇，价格也是节节攀升，因此吸引了越来越多的投资和收藏爱好者的注意。

▩珊瑚牡丹花雕件

▩琥珀手串

### ❀珍珠项链

　　此项链由33颗大小一致的白色珍贵珍珠串联而成，质感细腻，晕彩美妙，珍珠圆润可人，无一瑕疵。千挑万选，方呈此端庄雍容之态。配以精致的白金珠扣，更显大方高贵。

# 珍珠

　　珍珠，又名真珠、蚌珠、珠子等，它的英文名称为Pearl，是由拉丁文Pernulo演化而来的。它的另一个名字Margarite，则由古代波斯梵语衍生而来，意为"大海之子"。珍珠晶莹凝重，圆润多彩，高雅纯洁，是一种珍贵的有机宝石。与钻石、红宝石、蓝宝石、祖母绿、欧泊并称为"五皇一后"。珍珠也的确像个仪态万端的贵妇，以其高贵的身份、华丽的容颜、典雅的仪态、纯洁的品性受到全世界人民的喜爱。和大多数宝石闪闪发亮、璀璨夺目不同，珍珠的光泽柔美，温润典雅，独特而高贵的品质给人带来温暖和幸福。具有瑰丽色彩和高雅气质的珍珠，象征着健康、纯洁、富有和幸福。

　　根据珍珠贝生长水域的不同，珍珠可分为两大类，一类是淡水珍珠，另一类是海水珍珠。由于海水珍珠一般颗粒较大，而且其生长周期也相对较长，所以，一般情况下，海水珍珠的价格

**淡水养殖珍珠镶祖母绿、钻石胸针**
胸针设计简洁，在小颗粒的祖母绿和钻石映衬下，三颗淡水养殖异形珍珠显得非常别致。

**金珠吊坠**

**※ "百卉含珠"珍珠首饰套装**

套装中包括一条项圈、一枚戒指和一对耳坠。首饰整体选用18颗罕见的大溪地的深海异形珍珠，配以1380颗钻石包镶于周围作为点缀随形而制。采用极为精细复杂的金包珠的传统手工工艺，璀璨闪亮，光泽怡人，足见其工艺的巧夺天工，具有巨大的收藏价值。

要高于淡水珍珠。在海水珍珠当中，又以黑珍珠和金珍珠最受欢迎，市场价格也最高。本节内容仅以海水珍珠为例进行阐述。

## 珍 珠 名 片

**化学成分**

珍珠的无机成分主要是碳酸钙、碳酸镁，占91%以上，其次为氧化硅、磷酸钙、氧化铝及氧化铁等

**形态特征**

珍珠的形状多种多样，有圆形、梨形、蛋形、泪滴形、纽扣形和任意形，其中以圆形为佳

**光学性质**

颜色——白色、粉红色、淡黄色、淡绿色、淡蓝色、褐色、淡紫色、黑色等

光泽——珍珠光泽，带有虹晕色彩，透明至半透明

折光率——1.530~1.686，双折射率为0.156

**力学性质**

硬度——摩氏2.5~4.5

密度——2.66~2.78g/cm$^3$

▨Akoya珍珠戒指及耳环

▨日本海珠钻石彩宝18K金吊坠兼胸针

此件饰品将钻石和各色彩宝与6颗粉色系日本海珠搭配使用，彩宝色彩明丽，钻石光耀闪烁，珍珠光熠熠。流线造型，既可作为胸针单独使用，也可以搭配项链使用。

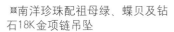

**▧南洋珍珠配祖母绿、蝶贝及钻石18K金项链吊坠**

*这条项链为欧洲经典款式，设计得和谐而美丽。高贵的祖母绿配石与泪滴形南洋珍珠完美搭配。*

## ※ 海水养殖珍珠的品种

日本珍珠（Akoya Pearls）：主要为圆形或椭圆形，直径2毫米到10毫米不等，色调略带淡粉色、奶油色及银蓝色。

南洋珍珠（SouthSea Pearl）：产于南太平洋水域（即澳洲西北海洋、菲律宾及印度尼西亚）一带，是在一种名为白蝶贝的野生蚌贝里孕育成长的。由于白蝶贝是一种非常珍贵并脆弱的生物，必须在稳定、优良及未受污染的海湾环境下成长，而它也是世界上最大的珠蚌，其培殖出来的南洋珠的形状也比其他地方产的珍珠大，因此，南洋珠的价值也甚是昂贵。南洋珠以又大又圆又够抢眼的粉红珠最为珍贵，如直径18～20毫米者，则相当罕见。

大溪地珍珠（Tahitian Pearl）：有别于日本珍珠及南洋珠，可谓异常珍贵。因为珍珠本身是由一种珍贵的黑蝶蚌（一种只生长于天然、无污染的玻利尼西亚水域的稀有蚌类）养殖出来，其不同程度的灰色中，带有不同的幻彩颜色，因而令珍珠更加与众不同。加上其养殖环境，及采珠过程的要求非常严谨，每100个获植珠的黑蝶蚌，只有50个能成功培殖出珍珠，当中更只有5颗是完美无瑕的，因此每颗珍珠都珍贵无比。黑珍珠本身的颜色有黑、灰、蓝、绿及咖啡等色调，颜色越黑越浓越珍贵，最优质的颜色除了浓郁均匀的黑色外，还有绿色的伴色，又叫孔雀绿色，黑珍珠的伴色被认为是优良产品的象征。圆形珍珠最珍贵，形状越接近圆形越受欢迎，梨形及泪滴形为中等，异形及有环状沟纹的较便宜。

※大溪地养殖珍珠项链
此项链由31颗大溪地养殖海水珍珠串成，珠粒直径在12～14.3毫米之间。

## ※ 珍珠的选购、收藏标准

从收藏角度看，珍珠本身虽然没有一个国际标准行情价格，但是判断珍珠的相对价值在于珍珠的大小、形状、光泽与光洁度、颜色五大根据，这些也是选购、收藏珍珠饰品的标准。

### ✕ 大小

宝石级珍珠大多数是圆形或近圆形的，所以与其他宝石不同的是，一般首饰用的珍珠的大小不是以重量而是以珍珠的直径衡量的。珍珠的直径越大，其价值越高，而且尺寸不同等级的珍珠的价值相差非常悬殊，一般而言，小珠的价格是以每千克为单位计算的（这一级别的珍珠一般不能作为宝石级珍珠使用），中珠和大珠的价格以克为单位计算，而大于8毫米的珍珠则是按粒计算价格的，超过11毫米的珍珠属于珍品，一般只有海水珍珠才能达到，如果质量好的话每粒的价格可高达数千美元！

**珍珠项链**

如花般的女子，美丽瞬间绽放。18K白金的花絮像漾在水里一般，夹杂闪闪的钻石，自然的纹路清新飘逸。吊着神秘的黑珍珠更显优雅与可爱。由内而外散发的水灵气质，自然的美丽不需要任何炫耀。

## 形状和圆度

珍珠的形状分两大类——圆形和异形。一般情况下除了特殊需要和用途，珍珠的形状要求是圆形的，而且其圆度是衡量其价值的重要因素之一。评价珍珠的圆度主要依据的是其最大和最小直径之间的差值。该差值越小，表明珍珠的圆度越高。另外，有些珍珠因为在使用时要求特殊的形状，比如专门用于镶嵌的半圆珠，用于做吊坠的水滴形珠，用于做项链的算盘珠，甚至做挂件的观音珠、佛珠等，它们在植核的时候就按人们的需求被加工成不同形状的核使其最后长成的珍珠形状满足人们的需要。这类珍珠的评价不在此范围内。一般而言，这类珍珠的形状越接近人们的要求，其价值越高。

养殖珍珠配钻石"蝴蝶"胸针

养殖珍珠及钻石"蝴蝶"胸针，配以两枚小祖母绿，镶18K粉红金及白金，钻石共重约5.00克拉，缺其中一枚小钻石，胸针长度7.50公分

❋白色南洋珍珠戒指、耳环套装

18K白金镶嵌白色南洋珍珠，戒指珍珠直径约18毫米，耳环珍珠直径约为16毫米。南洋珠珠光强，珠体圆润，首饰整体设计简单大方。

✕ **颜色**

珍珠的颜色五彩缤纷，主要可分为三大类，每一类颜色的评价标准和要求都是不同的。

| 色系 | 评价标准 |
|------|----------|
| 白色系 | 包括雪白色、银白色、奶白色等各种基调的白色珍珠。这也是最常见的一类珍珠。对于这种颜色的评价显然是基于白色的纯度——白色的纯度越高其价值越高 |
| 灰黑色系 | 包括各种由灰至黑的不同程度的灰黑色，有时这类珍珠也会带有少许的褐色、棕色等其他色调——贵族的棕褐色；庄重典雅的浅灰色；高贵大方的赤鸽色。同时由于光的干涉作用，珍珠的表面会形成晕彩，这种晕彩被称为珍珠的伴色。在灰黑色系珍珠上，珍珠的伴色会显得非常的明显和美丽，而且会呈现出不同颜色的伴色，其中最受欢迎的是清新而润泽的孔雀绿，因此在评价此色系珍珠颜色时通常要考虑珍珠本身的颜色和它的伴色。对于该色系的珍珠而言，珍珠本身的颜色越黑，其伴色越鲜艳，珍珠就会呈现出最美的效果，其价值也越高。在这类珍珠的伴色中，最受欢迎的颜色是孔雀绿色和宝石蓝色，还有人偏爱紫红色伴色。这几种伴色越明显，颜色越鲜艳，同等条件下的价值越高。黑色珍珠是当前世界上稀少的品种，它比同质量的白珍珠贵一至几倍。银灰色的珍珠，猛然看上去也许不会很亮，但银灰珍珠收集极为不易，特别是形状、大小和光泽均匀的项链，与黑色或粉色的服装搭配堪称经典。但遗憾的是，银灰色珍珠非常稀少，因此妨碍了它的流行 |
| 彩色系 | 除了白、黑两大色系以外，受珍珠贝的品种、水域的温度状况、水质的成分变化等诸多因素的影响，会出现各种不同颜色的珍珠。不同国家和地区，不同文化背景的人喜爱的珍珠颜色是不同的，例如美国人喜欢桃红色、白色、奶油色、金黄色、黑色等；意大利人喜欢奶油色、粉红色；法国人喜欢白色；英国人喜欢奶油色、粉红色、白色、金色；瑞士人喜欢奶油色、白色、金色、黑色；加拿大人喜欢白色；德国人喜欢奶油色、黄色、蓝色；南美、中美人喜欢金黄色；东欧人喜欢奶油色、粉红色；中国人一般喜欢白色、粉红色。因此在不同地区彩色珍珠的价值衡量也会不同，但是对于彩色珍珠而言有一个总体的评价原则是不变的——无论是什么颜色的彩色珍珠，纯正而鲜艳的颜色永远是最好的。彩色珍珠的价值一般取决于其稀有的程度和受欢迎的程度 |

另外需要注意的是，所有黑色及彩色珍珠颜色的评价一定是基于珍珠颜色为天然色的前提下进行的，因为有色珍珠的颜色可能是后期处理产生的，因此，评价珍珠的颜色等级之前一定要先确认珍珠是否经过染色处理。

▨ "孔雀"吊坠配珍珠项链

▨ 大溪地黑珍珠配钻石项链

此项链以18K白金与黄金镶嵌大溪地黑色珍珠及钻石，配镶钻石璀璨闪耀，黑色珍珠亮泽圆润，优雅别致。

## ※ 光泽

珍珠光泽的强度与珍珠的珠层厚度、矿物组成和主要矿物晶体的大小及排列有序度有关。珠层厚度越大，则珍珠光泽越强；珍珠光泽强的珍珠由于具有更厚的珍珠层，所以它耐腐蚀的能力就越强，佩戴的时间也更长。因此在同等条件下珍珠光泽越强的珍珠其价值越高。

## ※ 表面光洁度

实际是指珍珠表面瑕疵的种类和数量的多少。珍珠的表面瑕疵有隆起、线纹、污点、缺口、剥落、裂纹、划痕等。其中破口和珍珠层剥落对珍珠质量的影响最严重。瑕疵出现在比较隐蔽的位置时对珍珠质量的影响较小。珍珠的表面光洁度越高，其价值越高。不过因为珍珠的产生过程是在母贝的体内完成的，很难进行人为控制，所以完全无瑕的珍珠是十分罕见的。珍珠的表面瑕疵恰是珍珠成因的有利证据，仿制珍珠一般都是完美无瑕的。

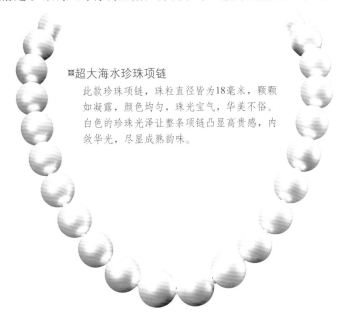

**※超大海水珍珠项链**

此款珍珠项链，珠粒直径皆为18毫米，颗颗如凝露，颜色均匀，珠光宝气，华美不俗。白色的珍珠光泽让整条项链凸显高贵感，内敛华光，尽显成熟韵味。

另外，在贸易中评价珍珠的价值时，尤其是评价成对或成套使用在首饰中的珍珠时，珍珠的匹配性也是一个重要的因素。所谓匹配性是针对珍珠耳饰、项链等首饰而言的，每粒珍珠的品相相似程度是非常重要的，相似度越高则其价值越高；例如有40粒同样等级的珍珠，如其匹配性较差时，它的总价

▨养殖珍珠戒指

值就只是单粒珍珠的价值乘以40，如果这40粒珍珠的匹配性很好——品相很相似，可以串成一串项链，那么它的总价值就会大于单粒珍珠的40倍，而且越是高品质的珍珠，匹配性越好的话其价值提升的幅度就会越大。对于等级较差的串珠，还须从其珍珠大小的渐变程度和对称性来评价其匹配性。

综上所述，珍珠的价值高低受多方面因素的共同影响，任何一方面评价较低都会大大降低珍珠的价值，只有各方面均达到较高水平的珍珠才能被称为优质珍珠。在珍珠市场上优质珍珠的价值会远远高于低质珍珠的价值。

▨大溪地孔雀绿黑珍珠配彩色蓝宝石首饰套装

18K玫瑰金、白金镶嵌大溪地黑珍珠，珍贵美丽孔雀绿伴色，配以彩色蓝宝石及沙弗莱石，设计线条感十足，配以同款耳环，宛若遨游海底幻境。

# 珍珠的等级划分

珍珠在采收处理完成后，一般会以上述的质量评价为主要依据，对珍珠进行分级以便于销售。

| 级别 | 圆度 | 光泽 | 珠层厚度 | 表皮光洁度 | 匹配度 | 产出比例 |
|---|---|---|---|---|---|---|
| AAA级 | 极高 | 极好 | 0.7毫米或以上 | 95%或以上 | 极好 | 1% |
| AA+级 | 极高 | 极好 | 0.5毫米或以上 | 90%～95% | 极好 | 5% |
| AA级 | 非常圆 | 良好 | 0.35毫米或以上 | 80%～90% | 好到极好 | 20% |
| A/A+级 | 圆到接近圆 | 中等 | 0.20～0.30毫米或以上 | 70% | 良好 | |
| A级 | 圆到接近圆 | 中/低 | 小于0.20毫米 | 60%～70% | 良好到中等 | |
| 经济级 | 接近圆到不圆 | 中/低 | 小于0.20毫米 | 中等到大量 | 良好到中等 | |

# 珊 瑚

珊瑚是一种生活在海洋中的腔肠动物珊瑚虫的骨骼，它主要由矿物文石或方解石组成。这种骨骼常呈树枝状产出，过分的采集会导致海洋生态被严重破坏，因此珊瑚在国际上被列为二级保护动物。

▧活体珊瑚

▓清乾隆 · 景泰蓝福寿珊瑚树盆景

此盆景分为上下两部分，上部为天然红色大珊瑚树，色泽红艳，粗如腕，阔如扇，枝干分布均匀，颇为壮观，整体色彩浓艳富丽堂皇，美轮美奂，尽显宫廷奢华本色。下部为铜胎掐丝珐琅盆，又名景泰蓝。

# 珊 瑚 名 片

**化学成分**

碳酸钙，以微晶方解石集合体形式存在，成分中还有一定数量的有机质

**形态特征**

有的像绽开的花朵，有的像分枝的鹿角

**光学性质**

颜色——珊瑚的颜色有很多，其中比较有名的是大红色的珊瑚，白色的珊瑚（又叫玉珊瑚）和粉红色的（粉红色的珊瑚又叫"孩儿面"）

折光率——1.48~1.66

**力学性质**

硬度——摩氏3.5~4

密度——2.6~2.7g/cm³

※白色珊瑚

　　珊瑚分为钙质珊瑚和角质型珊瑚两种。钙质珊瑚为白珊瑚和红珊瑚，主要成分为碳酸钙。角质型珊瑚为黑珊瑚和金珊瑚，几乎全部由有机质组成，很少或不含碳酸钙。

　　在市场上我们最常见到的是红珊瑚，做宝石用的红珊瑚属于深海珊瑚，多数生活在海水深度大于100米，水温低于20℃的海底，甚至在温度仅几摄氏度，水深达五六百米的海底也可以生长。因此，采集红珊瑚比一般珊瑚要困难得多。在红珊瑚分布的深海水域，其海底都伴随着大量火山活动，这些活动提供了很多火山灰物质，火山灰中赋含着一定数量的常量元素（如有色元素铁、锰等和无色元素镁、钾、钠等）以及微量元素（锌、锶、铬、镍等）。珊瑚死后变为珊瑚石，是被碳酸钙物质代替的过程，这个过程叫钙化。在钙化过程中珊瑚吸附了海水中的各种元素，如果吸附的元素以铁为主，则珊瑚石的颜色就是红色；如果吸附的元素以镁为主，兼有少许铁质，那么珊瑚石的颜色就会是粉红色或粉白色；如果吸附的元素以镁为主，几乎没有其他杂质，那么珊瑚石的颜色可能是白色，深海中纯白色的珊瑚宝石也是难得的珍品。古语云"千年珊瑚万年红"，每20年才能长一寸，300年也仅仅长出1千克，红珊瑚因其生长慢、寿命长、质地坚硬可供雕刻、色彩艳丽、产量稀少而身价不菲，被视为海中珍宝，藏中极品。

**翡翠珊瑚牡丹花胸针**

此胸针选用老坑玻璃种阳绿色翡翠雕琢叶瓣，形状玲珑剔透，配以鲜红的珊瑚花朵，镶嵌白黄彩钻为花蕊，整体颜色搭配艳丽夺目，产生雍容华贵之感。

**民国·珊瑚雕仙女散花纹摆件**

此摆件以色泽上等的红珊瑚雕琢而成。红珊瑚料大且色泽鲜艳，局部泛白。所雕仙女含情脉脉，神态旖旎，神态传神，刻画细腻，衣衫裙带飘逸自然；所雕童子笑容可掬，神态各异，生动可爱，衣纹线条流畅自如。

深海红珊瑚主要分布在地中海、中途岛海域、东南亚海域。地中海珊瑚为红色，株体直径大都在10毫米以下，少有大料；中途岛海域以白珊瑚居多，红粉色珊瑚较少，直径以4~7毫米最多，打捞成本高；东南亚海域珊瑚产量占世界珊瑚总产量的80%，珊瑚株状、质地、色泽、品种是世上最富变化、最珍贵的，其中以中国台湾出产的红珊瑚品质最好，在国内最受欢迎。

市场上同时还可以见到白珊瑚、黑珊瑚和金珊瑚。白珊瑚为灰白、乳白、瓷白色的珊瑚，常用于盆景工艺。金珊瑚为金黄色，外表具有清晰的斑点和独特的丝绢光泽。

▧珊瑚胸针（一组）

此组胸针选用白色、粉色、红色不同颜色的珊瑚组合打造，雕以花朵形制，设计巧妙灵动。

## ❈ **珊瑚的鉴定特征**

由于宝石用珊瑚主要是红珊瑚，故笔者在此主要描述红珊瑚的鉴定。与其他贵重的宝石一样，在市场上也充斥了许多仿珊瑚，不过相对其他品种的宝石，假冒伪劣的珊瑚还是相对容易鉴别的。

❈红珊瑚戒指

❈珊瑚吊坠

首先，看纹理。珊瑚纵向有平行的生长纹，方向为平行珊瑚柱体。如果是戒面，一般在背面，如果是雕刻件，表面上就有。珊瑚的横截面上有像年轮一样的生长纹，由小及大呈同心圆状生长纹结构，一般都是珊瑚雕件上容易见到。珊瑚的绝大多数仿品都没有上述特征的生长结构，所以，只要仔细观察，还是比较容易区分的。

其次，珊瑚的染色处理十分常见，通常是采用白色或浅色的珊瑚染色而成，所以可见到珊瑚的生长纹理和结构，但是，染色的珊瑚一般颜色都十分均匀，光泽也比较暗淡，红色死板不润泽。在虫眼、孔洞等处可见到明显的颜色加深的现象。

## ❈ 珊瑚与相似品的鉴别

❈红珊瑚项链

　　利用珊瑚做成的戒面润泽可爱，摆件贵气富态，近年来，越来越受到大众的喜爱。珊瑚原石具有独特的生长纹理，较容易鉴别，而其成品则较难鉴别。珊瑚的相似品主要有染色骨制品、染色大理石、染色贝壳、红玻璃、红塑料等。

　　珊瑚颜色自然，可以有血红色、红色、粉红色以及橙红色，呈不透明到半透明状态。然而大多仿品均为单一的红色，不透明。红珊瑚为较独特的油脂光泽，因此给人以细腻圆润之感，放大观察可见平行条纹或同心圈生长纹。而染色骨制品通常使用牛骨等动物骨头染色或涂层后仿制的珊瑚。蜡状光泽，看起来较为干枯，与珊瑚自然过渡的颜色不同，染色制品颜色表里不一，常会掉色，摩擦部位颜色偏浅。若能观察

❈红珊瑚吊坠

❈红珊瑚胸针

❀珊瑚耳环

❀清·珊瑚梅竹双青十八子手串

到断口处则更明显，珊瑚断口较为平滑，而骨制品性韧，断口呈参差不齐的锯齿状。而染色大理石不具有生长结构，为独特的粒状结构，染料常使其粒状结构更明显。染色的贝壳也常用来仿制珊瑚，二者质感相似，但是务必注意，贝壳表面呈典型的珍珠光泽，且具有层状结构，染色后颜料更易在层间聚集。还有一种珊瑚仿制品叫作"吉尔森珊瑚"，是用方解石粉末加上少量染料在高温、高压下粘制而成。这种仿制品颜色、外观都与天然珊瑚很相像，但其颜色分布均匀，10倍放大镜下只见粒状颗粒，而见不到珊瑚具有的条带状及同心圆生长纹。而红玻璃具有明显的玻璃光泽，且含有气泡、旋涡纹，较易被区分。

## ※ 红珊瑚的选购

珊瑚按颜色不同可分为深红珊瑚、桃红珊瑚、粉红珊瑚、粉白珊瑚、白色珊瑚五大类，而珊瑚的等级也是按颜色来分的。

| 等级 | 颜色 | 特征 |
|------|------|------|
| 顶级红 | AKA红，中文称"阿卡" | 以台湾深红阿卡或大红阿卡的等级标准典型，俗称"牛血"珊瑚 |
| 次级红 | 沙丁红 | 以意大利沙丁岛所产而得名，为大红色阶，俗称"辣椒红"珊瑚 |
| 三等级 | MOMO红，中文称"莫莫" | 颜色次于阿卡红，属肉桃红或橙红颜色 |
| 四等级 | ANGEL SKIN红 | 通常称作"孩儿面"或"天使脸"等。又称为"深水"红 |
| 五等级 | 粉白色 | 为深水级 |
| 六等级 | 纯白色 | 即普通珊瑚化石 |

不过，珊瑚等级和价值的评判也是有地域性的，不同国家和地区的历史文化不同，对珊瑚颜色的喜爱也是不同的。

❖孩儿面红珊瑚吊坠　　　　　　❖莫莫珊瑚福瓜挂坠

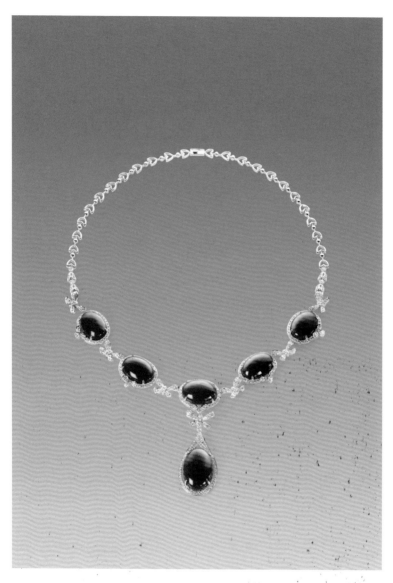

▨阿卡珊瑚配钻石项链

除了颜色之外，评价珊瑚价值的重要因素是大小和块度。珊瑚体积越大说明其生长年代久远，或者是珊瑚的根部越粗大就越弥足珍贵。大的、有一定造型的珊瑚往往是整枝保存，用以设计大的工艺品或摆设，块度较小的珊瑚枝才加工成珠宝或饰物。在所有的珊瑚品种中，用作雕刻珊瑚摆件是价值最高的。最后，珊瑚的表面要光滑，手感滑腻，充满莹润的光泽，最好通体表面没有色斑和凹凸起伏的伤痕，此种为上乘之选。

▧沙丁珊瑚项链

清·白珊瑚雕群仙摆件

　　2007年的一场拍卖会上一件大型的清代珊瑚雕人物摆件创出了57.2万元的高价，当下拍卖公司所拍卖的珊瑚饰品、摆件也多以老件珊瑚为主，但红珊瑚投资中，有句话叫"旧不如新"。因为一级珠宝市场上出售的多是珊瑚新件。从收藏角度看，新作和老件各有自己的收藏群体。但从投资角度上看，因为新作的珊瑚在开采打捞、雕琢工艺等多方面都比古代要先进，所以门类题材也会比古代更为宽泛。在工艺上，古代的珊瑚除宫廷摆件工艺精湛外，民间的制作工艺都不及当下。

▨珊瑚牡丹戒指

▨珊瑚摆件

▧红珊瑚念珠

红珊瑚对环境要求非常苛刻，需要低光照、水流缓慢、水质清澈、氧气充足、饵料丰富、盐度高的环境，其生长速度远远跟不上开采的速度。产量的稀少导致市场上好的红珊瑚价格呈现一路攀升的态势。整棵红珊瑚树前几年还时有所见，现在已可遇不可求。颜色好、雕刻精、有些年份的摆件更是只会在艺术品拍卖会上露面，一些优质红珊瑚戒面尽管颗粒不大，但也价值不菲。随着拍卖场上高价频现，珊瑚的升值潜力获得了越来越多投资者的认可，成为新一代的投资热点。目前，精品红珊瑚增值十分迅速，一条品质稍微好点的红珊瑚项链动辄几万元，精品珊瑚项链更是价格惊人。以一条直径6毫米的108粒红珊瑚珠链为例，如果2010年前入手，它的价格在3000元左右，2011年入手时价格已经涨至15000元，到2013年没有20000元是无法买到的，可以说市场上的红珊瑚价格3年来暴涨了7倍左右。原来几千元就能买到的阿卡级红珊瑚现在的价格已经是每克万元以上了！基本上普通的红珊瑚每年涨幅在60%，而高品质的红珊瑚则是以每年100%的涨幅速度在递增。

# 琥珀蜜蜡

在中国古代，琥珀又被称为"虎魄""江珠"，认为琥珀是老虎流下的眼泪，或"虎死精魄入地化为石"，本草纲目中亦有记载，认为琥珀具有安神镇宅的功用。实际上，琥珀是1.37亿年前的中生代白垩纪时期到新生代第三纪的松柏科树脂，被埋藏于地下，经过一定的化学变化后形成的一种化石，是一种有机的似矿物，常与煤层相伴而生。而宝石级的琥珀大多是1500万～4000万年前形成的。琥珀是非晶质体，能形成各种不同的外形，没有两块琥珀是完全相同的，有时内部包含着植物或昆虫的化石。

琥珀手持

❈蜜蜡吊坠

❈金包蜜寿星雕件

　　琥珀内含物常见，许多肉眼可见，有动物，如甲虫、苍蝇、蚊子、蜘蛛等，由于动物是在存活时刻被树脂等粘住或包裹住，大多具有挣扎的迹象，但动物个体完整存在于琥珀中的很少，大多是残缺的碎片。植物有伞形松、种子等。还有包体受热炸裂形成漂亮而独特的"太阳光芒"，独特的内含物能够提供形成时的环境状况，对地质学、生物学、遗传学等都具有重大意义。

❈植物珀吊坠

❈花珀吊坠

❈虫珀雕件

　　琥珀的分类有很多种，可以根据其用途、性状或者产地的不同来分别区分，一般根据其透明度来区分，可以把琥珀分为两大类，透明的称为琥珀，不透明的称为蜜蜡。不过，也有些时候，同一块琥珀会出现局部透明和局部不透明的现象，这种琥珀也被称为珍珠蜜。虽然自然界也存在天然形成的珍珠蜜，但是市场上常见的多是经过优化处理过的。由于琥珀的优化处理是由外而内逐渐进行的，接近表层部分的透明度首先得到改善，所以未经彻底加温加压处理的蜜蜡内部保留了不透明的"云雾"，最终形成珍珠蜜。所谓"千年琥珀，万年蜜蜡"的说法是谬误的，琥珀是否透明，与其生成的年代并没有相关的关系。

▨琥珀牡丹雕件

▨金珀佛手雕件

▨金搅蜜福袋雕件

# 琥珀名片

### 化学成分

琥珀化学分子式为$C_{10}H_{16}O$，主要含有琥珀酸和琥珀树脂等有机物

### 琥珀的形态

琥珀外形多样，如结核状、瘤状、水滴状等，还有一些形态如树木的年轮具有圈状纹理，有的具有放射状纹理。在砾石层中产出的琥珀通常为圆形、椭圆形，这是因为流水冲击及磨圆作用，并可能有一层薄的不透明的皮膜

### 光学性质

颜色——主要为黄色、棕黄色及红黄色，褐红色，白色及黄白色，还有比较罕见的绿色和蓝色

光泽——未加工的原料为树脂光泽，有滑腻感。加工抛光后的树脂近玻璃光泽。在长波紫外线下具浅蓝白色及浅黄色、浅绿色、黄绿色至橙黄色荧光。透明至微透明，半透明

### 力学性质

硬度——摩氏2~2.5

密度——1.05~1.09g/cm³，质地较轻，是已知宝石中最轻的品种，在饱和的浓盐水中可以呈悬浮状态

### 电学性质

摩擦带电

### 导电性

琥珀是电的绝缘体，与绒布摩擦能产生静电，吸引细小的碎纸片

✦蜜蜡吊坠

## ❖ 琥珀与相似品的鉴别

市场上用来仿制琥珀的相似品主要有硬树脂、松香、柯巴树脂以及塑料、玻璃和玉髓。从光泽、密度等方面来说玻璃和玉髓都与琥珀相差甚远，只要在购买时保持警惕，利用手掂等方法（玻璃、玉髓手掂较重）即可分辨。笔者在此重点介绍的是琥珀的树脂类仿品。

树脂类仿制品主要有硬树脂、松香和柯巴树脂三种。

硬树脂是一种半石化树脂，与琥珀成分类似，但由于地质年代很新，且未完全石化，更易受到化学腐蚀，将乙醚滴在其表面并用手搓揉会出现软化并发黏。需要注意的是，硬树脂中也可能包裹天然的或人为置入的动植物。

松香是一种未经地质作用的树脂，呈淡黄色，不透明，同样具有树脂光泽、质轻。但松香因未经过石化作用，故硬度小，用手可碾成粉末。松香表面会有许多油滴状气泡，燃烧时有芳香味。

▨松香瑞兽挂件

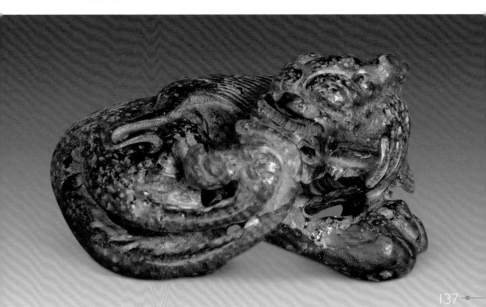

　　柯巴树脂是与琥珀最为相似的仿品。由于柯巴树脂本身是一种地质年代很近的树脂，未经过石化作用，对乙醚、酒精等化学品反应敏感，接触后会变黏。

　　近期的塑料仿品可以模仿出琥珀的颜色和极为相似的圆盘裂隙"太阳光芒"。塑料在颜色、触感温度和电学性质上与琥珀相似，但密度和折射率不同，一般重于琥珀，在饱和食盐水中下沉。且塑料具有可切性，用小刀在样品不显眼的位置切割时会呈片状剥落，而琥珀则产生小缺口。如用热针进行实验，琥珀发出松香燃烧的芳香味，而塑料制品为各种异味。

　　琥珀也是目前造假最严重的一种宝石。各种仿制品层出不穷，有些品种连常规的大型仪器都无法准确检测，必须使用粉末红外等较复杂的技术手段才能区分。所以，建议在购买高价格琥珀时必须索要国家质检机构的正规鉴定证书。

▨天然琥珀手串（上）与柯巴树脂算盘珠（下）

※满蜜吊坠

## ※ 琥珀的选购

目前市场上根据琥珀的颜色、成因、特征等将琥珀分为血珀、蜜蜡、金绞蜜、金珀、香珀、虫珀、石珀、蓝珀、绿珀、白琥珀、灵珀、花珀、水珀、明珀、蜡珀、红松脂等许多种类。然而，真正有较高收藏价值的品种主要有以下几种。

### ※ 血珀

指透明，颜色为血红色的琥珀，天然优质血珀产量十分稀少，是琥珀中的上品，缅甸血珀是所有琥珀中最好的。市场所售的大部分血珀为经过热压烤色处理的琥珀，其价值远没有天然血珀的价值高，在购买时要格外注意。

※金搅蜜福禄吊坠

※血珀雕件

※血珀吊坠

### 虫珀

指包含有动物、植物遗体的琥珀。虫珀在琥珀中非常罕见，所以极其珍贵。其中包含的生物，是在树脂刚刚分泌出来时被粘住的。此后新的树脂不断分泌出来，就将它们包裹在其中，经过数千万年的演变才形成虫珀。但并不是所有的虫珀都有很高的价值，首先看内含虫体的体积，虫体越大价值越高，因为越大的生物越容易挣脱树脂的包裹，也就越稀有。其次你看内含虫体的种类，生活在琥珀树附近的生物，在琥珀里出现的概率会远高于游离于琥珀之外的生物，所以，越罕见的虫体种类其价值越高。最后看虫体的完整度和形态，虫体越完整，形态越生动价值越高。

▨虫珀随形吊坠

### 绿珀

指内部呈现淡绿色的琥珀，主要产地有罗马尼亚以及南美洲。绿珀的形成与火山运动和重大森林火灾有关。绿珀的产量非常少，所以它也具有较高的价值。目前市场所售的大部分绿珀是经过热压处理得到的颜色，或是在黄色琥珀表面镀一层淡绿色的树脂薄膜，在购买时要注意。

▨绿琥珀雕节节高摆件

※ 蓝珀

　　指呈现蓝色晕彩的琥珀，正常情况下，蓝珀看起来并不是蓝色的，而是棕色有点紫，在普通光线下转动，角度适当时会呈现蓝色，再变换角度时，蓝色又会消失，当主光源位于其后方时，它的光线最蓝。但也有极少数的蓝琥珀本身就是蓝色，在紫外灯下有更强的蓝白色荧光，属于比较稀少的品种，所以价值很高。目前多米尼加共和国是蓝珀的唯一产地。

▧多米尼加琥珀首饰

❀金珀手串

✕ 金珀

指金黄色透明的琥珀，其透明度非常高，散发着如黄金般金灿灿的光芒，是琥珀中非常名贵的品种。

无论是哪个品种的琥珀，收藏琥珀以大取胜，重量在500克以上的琥珀，保值升值空间更大。天然琥珀中，含有昆虫和没有昆虫的价格也相差甚远，有时能达到一倍以上。

琥珀作为一种有机宝石近年来也是价格飞涨，加上其深厚的文化底蕴和美丽的外表，琥珀成为部分投资者的新宠，从20世纪二三十年代开始，琥珀被大规模开采，现在资源面临枯竭，导致近年来天然琥珀在国内外市场上的价格节节攀升。2010年前，普通材质琥珀市场价在每克50～60元，2011年，每克价格就涨了约一倍。2015年，好的琥珀每克已卖到五六百元，非常珍稀的绿珀、蓝珀等品种，在过去三年里也是翻倍涨价，最近十年间价格至少翻了十数倍。

玉石

的鉴定与选购

# 翡翠

翡翠是玉石中的后起之秀，虽然它在中国从清代才开始兴盛，但在出现之初就受到皇室贵族的青睐，发展到今天，翡翠已成为最具有广泛影响力的玉石之一，越来越多的人们把它当成自己最爱的装饰品和收藏品。近年来，随着翡翠资源的稀缺和市场需求的急剧上升，翡翠价格尤其是高档翡翠的价格扶摇直上，不断打破人们的预期，这也进一步促进了人们对翡翠投资收藏的热情。

目前，全世界已知产出翡翠的国家有缅甸、日本、美国、危地马拉、哈萨克斯坦和俄罗斯，但只有缅甸是商用翡翠和高档翡翠的唯一出产国。

翡翠手串

翡翠百财摆件

# 翡翠名片

## 化学成分

翡翠的主要矿物是硬玉，常含钙、铬、镍、锰、镁、铁等微量元素

## 力学性质

硬度——摩氏6.5～7

密度——3.30～3.36g／cm³，常测值为3.32左右

解理——集合体一般不可见明显解理

## 光学性质

光泽——抛光后呈油脂至玻璃光泽，半透明至不透明

折射率——1.65～1.67，常测值为1.66

荧光——浅色翡翠在长波紫外光中发出暗淡的白光荧光，短波紫外光下无反应

▧翡翠葫芦形戒指

▧翡翠金枝玉叶配钻
石吊坠

▧翡翠手镯

　　翡翠中的矿物一般呈柱状、纤维状及不规则粒状致密集合体，具有柱面解理（解理夹角为87°或93°）。由于翡翠具有两组完全解理以及双晶，常可以看见片状或星状闪光，也就是人们常说的"翠性"，俗称"苍蝇翅"，是鉴别翡翠的重要特征。但"翠性"并不是出现在所有翡翠中，如老坑玻璃地的翡翠就看不到"翠性"。

　　翡翠的结构是指其组成矿物的颗粒大小、形态和相互组合关系。翡翠的结构决定了翡翠的质地、透明度和光泽，一般来讲，矿物颗粒越细、颗粒结合越紧密，翡翠质地就紧实，透明度和光泽也好。翡翠常见的结构如纤维交织结构，高档翡翠结构多属于这一类。

## ※ 翡翠的颜色分类

纯净的硬玉是无色或白色的，当含有杂质元素时会呈现多种颜色，其中主要致色元素为铬和铁，以类质同象替换晶格中的铝，形成绿色，黄色或红色。翡翠是一种颜色变化非常丰富的玉石，颜色又是给人直观最重要的一个特征，因此可以把翡翠按颜色进行分类。

▨春带彩翡翠山子

红翡雕件

灰黑色翡翠吊坠

| 颜色 | 特征 |
|---|---|
| 绿色翡翠 | 即所谓的"翠"。翡翠中的绿色是由于铬离子或铁离子通过类质同象替换的方式进入硬玉晶格中而形成的。其中铬离子使翡翠呈现出艳丽的翠绿色，但当铬离子含量过高时，会使翡翠的透明度降低。二价铁离子会使翡翠呈现出黄-蓝-灰的不同色调，并且其含量越高，灰色调越明显 |
| 黄色-红色翡翠 | 就是所谓的"翡"。翡翠中的黄-红色是由三价铁离子致色的。不管是黄翡还是红翡均以色泽鲜艳纯正无杂色为佳 |
| 紫色翡翠 | 即所谓的"春"。翡翠中的紫色是由于铁离子和锰离子致色的，其中含锰离子的翡翠会呈现出粉红色调。因其颜色好似紫罗兰花的颜色，因此也称紫罗兰。紫色翡翠通常有粉紫色、蓝紫色和茄紫色。粉紫色甜美可爱，备受年轻人追捧；茄紫色浓艳大方，有紫气东来的霸气。如果紫色中蓝的味道太重，紫色偏暗，价值就会受到影响。台湾对紫色翡翠的认识较早，大陆受到重视的时间不长，这几年才被人们认可 |
| 皇家紫 | 是一种浓艳纯正的紫色，它的颜色色调非常纯正，饱和度一般较高，亮度中等，因而显出一种富贵逼人、雍容大度的美感。这种紫色实际上非常少见，属理论级翡翠，即使在紫色翡翠中也是百里难寻其一，具有很高的收藏价值 |
| 黑色翡翠 | 即所谓"乌鸡黑"。由于翡翠中含有大量的黑色碳质包体或黑色矿物包体时，翡翠呈现出灰黑-黑色 |
| 无色-白色翡翠 | 是由较纯的硬玉组成的翡翠，因不含致色元素，透明度高时呈现无色。透明度不高时呈现白色至灰白色 |
| 多色系列 | 翡翠的颜色丰富多变，有的时候，在同一块翡翠上会同时出现两种甚至多种颜色，这些颜色组合在一起，使翡翠变得更加的美丽 |

## ※ 翡翠的"种"

翡翠的质地和透明度是除了颜色以外影响翡翠质量最重要的因素。在翡翠贸易中被称为"地子"；翡翠的透明度是指翡翠在一定厚度下透过光线的能力，在翡翠贸易中被称为"水头"。对翡翠的地子和水头以及颜色综合考量和评价，则被称为翡翠的"种"。

| 种 | 特征 |
| --- | --- |
| 玻璃种 | 玻璃种翡翠结构非常细腻，即使在普通的显微镜下也很难看清矿物颗粒，几乎无杂质，透明度极高。因像玻璃一样晶莹透明而得名，是最高档的翡翠品种。玻璃种有一个很直观的特点就是肉眼直观带有荧光，也就是行家所说的"起荧"。玻璃种翡翠多数无色或色浅，正绿色的品种非常稀有，被称为"老坑玻璃种"，是翡翠中的极品，价值连城 |
| 冰种 | 冰种翡翠结构细腻，矿物颗粒一般非常细小致密，但是有时可见少量的石花和棉絮状包体，透明度稍低，一般为透明-半透明，整体感觉晶莹如冰而得名。若冰种翡翠中有絮花状或断断续续的脉带状的蓝绿色，则称这样的翡翠为"蓝花冰"，是冰种翡翠中的一个常见的品种 |
| 糯种 | 糯种翡翠的结构也非常细腻，矿物颗粒非常细小而致密均匀，但是其整体的透明度较冰种翡翠稍次，只能达到半透明-微透明。颜色极好的冰糯种翡翠也可达到高档翡翠的层次 |
| 金丝种 | 金丝种翡翠是指翡翠中的颜色呈丝状分布，平行排列，绿色是沿一定方向间断出现，且可粗可细。绿色为翠绿-黄绿色，色泽艳丽明亮，一般透明度较高，地子可达到冰地或冰糯地 |
| 蓝水（飘花）种 | 底色为淡绿-蓝绿色，地质细腻，透明度好，水头很足，可达玻璃地到冰地。绿色常呈蓝绿-墨绿色飘在翡翠中。是近年来颇受追捧的翡翠品种，价格攀升很快 |
| 芙蓉种 | 芙蓉种颜色一般为淡绿色，其色较纯正，不带黄色调。半透明-微透明，玉质较细腻，在10X放大镜下感觉有颗粒，但找不到界线。种虽不是很透，但也有，像蛋清一样；色虽不够浓，但清淡干净，少有杂色偏色。温润淡雅，清丽脱俗是芙蓉种翡翠的特点 |
| 墨翠 | 初看黑得发亮，很容易使人误认为是和田玉中的墨玉或其他的黑色宝玉石，但在透射光下观察，则是呈半透明状，且黑中透绿，特别是薄片状的墨翠，在透射光下颜色喜人。其中，透射光下绿色纯正且浓艳，质地细腻的价值也很高，可归到中高档翡翠之中去 |

上述这些品种为翡翠主要的中高档品种，价值较高，其余还有花青种、油青种、豆种、铁龙生、白地青、干青种、马牙种等一些中低档翡翠品种。

糯种翡翠吊坠　　　　　　　冰种翡翠弥勒吊坠

冰糯种金枝玉叶吊坠

## ※ **翡翠与相似玉石的鉴定**

与翡翠相似的玉石主要有软玉、蛇纹石玉、石英质玉石、水钙铝榴石、钠长石玉等。

软玉与翡翠相比，具有典型的毛毡状结构，颗粒更为细小，呈油脂光泽，无"翠性"。

蛇纹石玉的绿色以黄绿色为主，色较浅淡且均匀呈蜡状至玻璃光泽，比翡翠软，同样大小质量轻于翡翠，折射率也比翡翠低，无星点状闪光。蛇纹石玉与翡翠同为纤维交织结构，但前者的结构更为细腻，不易观察，以此可与翡翠相区分。

※翡翠观音牌（上）与蛇纹石玉杯（下）

※俏雕翡翠吊坠（左）与俏雕和田玉吊坠（右）

　　浅绿色的石英岩有时会被用来作为翡翠的相似品，石英岩的特点是粒状结构，无"翠性"，密度、折射率均低于翡翠。

▨满绿翡翠配钻石项链（上）与绿色石英岩珠链（下）

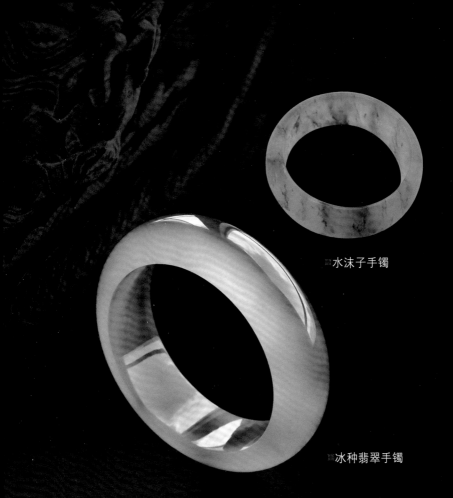

水沫子手镯

冰种翡翠手镯

有的东陵石由于含有铬云母，会在滤色镜下变红，以此区别于翡翠。染色的石英岩俗称"马来玉"，绿色染料常沿着裂隙分布，形成网状结构，只要留心极易观察。

钠长石玉又称"水沫子"，颜色常为无色、白色、灰白色，与冰地翡翠极为相似，近年来常在市场上作为翡翠的仿制品出现，需要特别留意。但钠长石玉为粒状结构，光泽弱，手掂相同大小钠长石玉比翡翠轻，仔细观察可与翡翠相区分。玻璃是市场上最常见的翡翠仿制品，特点是绿色半透明，肉眼可辨别存在气泡，大小不等，常见旋涡纹。许多古玩市场见到的绿色仿玉的戒面、帽扣、簪针等多属于此类。

❋翡翠配钻石戒指

## ❋翡翠的优化处理及鉴定特征

翡翠的优化处理方法主要有浸蜡、热处理、漂白、浸有色蜡、充填、染色等。未经处理的翡翠被称为"A货"翡翠，经过漂白、浸蜡、充填等处理方法的翡翠俗称"B货"翡翠，经过染色处理的翡翠则俗称"C货"翡翠。

笔者在此主要讲述漂白和充填两种处理办法。一是漂白，通常的漂白是将翡翠放置在强酸中，破坏翡翠的原有结构，并将杂色物质带出，这种处理方式我们会在各种新闻报道中看到，佩戴此类翡翠会对人体健康产生危害，购买者务必留心。

❋翡翠胸针（一对）

▓翡翠平安扣

　　由于漂白破坏了翡翠结构，使其呈现疏松的渣状，这样的翡翠不能够直接使用，便需要用到下一种处理手法——充填。用树脂或塑料充填于缝隙之间，可固结翡翠又可提高其透明度。这种经过酸洗和处理的"B货"翡翠颜色不自然，常出现蜡状光泽或蜡状光泽与玻璃光泽相结合的现象，而非翡翠自然的玻璃光泽。用强的透射光照射可观察到B货翡翠内部纵横交织的裂隙，若是仔细观察表面，可以见到有"沟渠"状的绺裂。

　　若是翡翠手镯，还可以使用敲击测试。经过漂白充填的翡翠手镯轻轻敲击后，发出沉闷的声音，与天然翡翠清脆之声有明显的区别。除此之外，鉴定所会使用大型仪器对翡翠进行鉴定并出具证书，以确保鉴定结果的准确。

## ❋ 翡翠的价值评价

影响翡翠价值的主要因素有材质和雕工两大方面。翡翠的材质是指它的天然属性，包括其颜色、质地等方面的特性；雕工则是指它的人工属性，包括其设计、工艺等方面的特点。这两个方面同时影响着翡翠的价值，是我们鉴赏翡翠的主要内容。

### ✕ 材质特性对翡翠价值的影响

颜色：翡翠是颜色变化最丰富的一种玉石，而翡翠的颜色变化与其价值息息相关，颜色是评价翡翠最重要的因素之一，行内有"色高一层价涨十倍"的说法，说明颜色的好坏在翡翠的整体价值中占有非常重要的地位。总体而言，在翡翠变化丰富的颜色中，绿色是价值最高的颜色，其次是紫色和黄－红色。但不管是哪种色调的翡翠，其颜色价值高的要求都体现在浓、阳、正、匀、和这五个字上面。

▨满绿翡翠蛋面

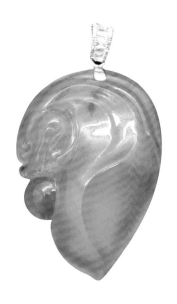

▨满绿冰种翡翠挂件

透明度：透明度也是行话里所谓的"水头"。透明度越高，其价值就越高。由于组成翡翠的颗粒粗细不同，晶形及结合方式不同，可以让光透过的能力也就不同。良好的透明度可使翡翠的颜色灵活起来，不再有呆板的感觉。对翡翠透明度的好坏，一般是通过观察光线能进入翡翠的深度来判断的。

▨冰种翡翠观音

▨冰种翡翠镶嵌手镯

▨翡翠金枝玉叶吊坠

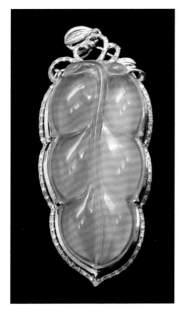

▨冰种翡翠金枝玉叶

质地：质地基本上可以理解为行话里的"种"，它是指翡翠矿物颗粒的大小，均匀程度以及致密程度。翡翠的矿物颗粒越细小，越均匀，结合得越致密，其质地就越好，也就会显得越加温润光泽。只有很好的质地才能更好地映衬出翡翠颜色的美丽，翡翠的质地是其颜色完美呈现的基础，没有好的质地，翡翠的颜色不能呈现出特有的灵动和温润。

净度：是指翡翠的干净程度。翡翠的净度是要求翡翠含有尽可能少的杂质成分，其中含有白色或浅色杂质时被称为"石花"，含有黑色或暗色杂质时被称为"黑斑"，就是俗称的"苍蝇屎"。这些杂质的出现会直接降低翡翠的价值，杂质的颜色、大小、分布的形态都会不同程度地对翡翠的价值造成不良影响。在雕刻时，如果设计得当，会降低其对价值的负面影响，如木

※翡翠如意吊坠

　　此吊坠透明度较高，但局部有石纹，对价格有一定影响。

　　那种的翡翠中常见的点状棉即是白棉，形如雪花飘飘，常用于雕刻踏雪寻梅的题材。如果棉出现在雕件的关键部位时，如观音、佛等人物的脸部，就会加重其对翡翠价值的负面影响。如果棉出现较少时，雕刻时把它处理在雕件的侧面、底面或背面，尽量不要留在雕件的正面及中心的位置，则对翡翠的价值影响就小得多了。另外，翡翠在形成过程中会遭到多次地质作用的影响，在每一次地质运动中，翡翠受到张力和剪切力的作用会形成各种绺裂和愈合裂隙。其中，开放的绺裂被称为"裂纹"，愈合的裂隙被称为"石纹"或"石筋"，无论是哪一种情况都会降低翡翠的品质，当然前者的影响程度要更加严重。翡翠有裂隙，是其大忌，尤其是通裂，是最不能接受的。

### ✂ 雕工对翡翠价值的影响

1.选材和设计：这一项主要是针对翡翠雕件而言的。选材好，是指雕刻题材的选择要有一定的文化内涵，有美好的寓意，符合我们对美好生活的各种追求和向往，满足人们对玉文化的精神享受。设计好，是指设计者要充分考虑原料的特点，最大限度地保留和突出原石中所有的优点，同时避开原有的缺陷。整体的造型要符合大众的审美——形态优美，用色巧妙，取舍得当。好的设计甚至可以变废为宝，大幅度提高翡翠的价值。

▨翡翠鲤鱼吊坠

此吊坠选用冰种翡翠雕成，鲤鱼象征着富贵、吉祥，鱼跃龙门有步步高升之意。

▨翡翠百财摆件

此摆件选用大块翡翠，雕成白菜形制。"白菜"谐音"百财"，有聚财、招财之意。

2.形状和比例：这一项主要是针对素面型的翡翠，包括各种形状的珠子、牌子以及戒面等。要求是形状的对称性好，线条流畅完美，平面和立体的比例协调。

3.加工工艺：加工工艺对翡翠价值的影响主要包括雕刻和抛光两方面。好的雕工应该是造型协调，线条流畅优美，细节处理精致。好的抛光则是不仅要求翡翠的表面光滑亮泽，而且棱角、凹坑等细部也要处理到位！

**影响翡翠价值的其他因素**

1.翡翠的大小：包括其体积和重量。对于翡翠成品来说，同样品质的翡翠，摆件的价值大于手把件，手镯的价值大于挂件，珠子和戒面的价值最小。当然，极品的高档翡翠，受原料的限制多数只能做成戒面或较小的挂件，对于那些高档戒面而言，翡翠的大小和重量对其价值的影响程度是非常巨大的，有时可能高达几倍或几十倍的差距，质量再好，可是若太小，则没有什么收藏的意义了。而极品高质量的翡翠手镯价值极高，一般条口宽、厚重、圈口大的手镯价高，而圈口太小，或条口窄，轻薄的手镯价低。它们之间的差价也可能高达几倍！

※翡翠手镯

※翡翠福贝吊坠

2.翡翠的制作年代：虽然翡翠的历史远没有和田玉那样悠久，但是具有一定年代，品质较好并且制作精良的翡翠其价值更高，如果还曾经是皇族或是名人的物品，其价值就更高了！

3.翡翠是否配对或成套：因为翡翠的材质变化是非常复杂的，所以能够成对或配套的翡翠，尤其是高档的翡翠，其价值会比单件的翡翠高出很多！如一对手镯和一只手镯的价值比要远远高于2倍。成套的翡翠，价值比更高，成对的挂件价值也更高一些。还有一种情况，如同一块料做成的手镯和手镯芯做成的挂件也算是配套的，也属难得。

4.市场上某些品种的翡翠在不同地域可能存在较大的价值差别。比如南北差异——同样是种水不错的飘蓝绿色翡翠在北方较受欢迎，而带黄绿色的翡翠在南方价更高。内地和港台地区也有差异——紫色的翡翠在港台地区备受追捧，但在内地认可紫色翡翠的人相对少很多。所以在不同的市场上可能会出现同一类翡翠价格差别较大的现象。

**清·翡翠手串**

此手串翡翠质地深邃晶莹，润泽明朗，质感浓重，显得古朴清雅。配以珍珠佛头、珊瑚、兰碧玺背云和纯金累丝罩红兰宝为坠地，更突出其灵秀之气。

**※俏雕翡翠螃蟹摆件**

　　总之，影响翡翠价值的所有因素是互相独立又是互相关联的，判断其最终的价值需要综合所有的因素一起考虑，同时还要熟悉当下的市场行情，所谓黄金有价玉无价，即使是行家对同一件翡翠的价格判断也会在一定的范围内浮动，这也是翡翠价格的特点，它不可能像贵金属一样价格可以精确到元，也不可能像钻石那样有全世界通用的分级体系和报价系统，一件翡翠的购买价值是否值得在于它的合理性，只要是其玉质和工艺的实际情况与其价格在合理范围内匹配，那就是物有所值的。

## ※ 翡翠的投资前景及投资收藏原则

从物以稀为贵这个角度来看，翡翠尤其是高档次翡翠资源的匮乏是不争的事实。同时，在中国人的心理上，由于对玉石特殊的喜好和感情，绝大多数已购买和收藏的高档翡翠即使已经获利丰厚也很少会被买家出售再次流入市场。另外，不断扩大的市场需求也是显而易见的，社会各阶层的人们都对翡翠有着很强的购买欲望。越来越多的人更加注重精神方面的需求，专门收藏翡翠的人也越来越多。由此可见，资源越来越枯竭和不断扩大的需求之间的供求矛盾必然会长期存在，因此，以长期的宏观而言，尽管目前翡翠已经处于相对很高的价位，高档翡翠仍然具有很好的前景和预期；但是，随着市场逐渐规范化，消费者对翡翠的认知逐渐理性化，中低档翡翠的情况则不容乐观，特别是那些千篇一律毫无特色的翡翠制品，未来的市场会逐渐体现出其应有的价值。

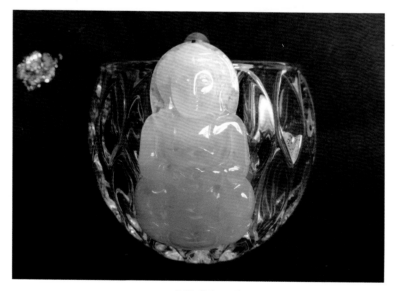

▧翡翠观音吊坠

从经济学角度来看，任何暴涨的行情之后都是暴跌，因为暴涨会形成消费障碍，价格涨得过高使大多数消费者逐渐承受不了，购买欲望就会开始降低，或者转向其他类似商品及替代商品。原本想买的消费者也会出现观望的态度，翡翠与其他商品不同，不是生活必需品，高档翡翠更是属于奢侈品，所以价格持续大幅增长必然会导致市场低迷，交易量减少最终会影响商家的利益。因此，就目前翡翠市场已达高位的现状来看，翡翠价格增长的幅度和速度未来会逐渐放缓，直到达到新的平衡。部分品种可能出现价格回落，但是就整体而言，翡翠尤其是高品质翡翠由于其资源的稀缺性，出现大幅降价的可能性是很小的。

综上所述，笔者认为翡翠的涨幅将会放缓，中低档翡翠可能会有明显的价格回落，但高档优质的翡翠仍具有很好的长线投资和收藏的意义和价值。由于翡翠是一种非常特殊的宝玉石品种，目前的翡翠市场鱼龙混杂，许多人想买不敢买或是买不到理想的翡翠。其实，翡翠的投资收藏也有其特殊的基本原则。

※俏雕翡翠济公头像

※翡翠丹凤朝阳吊坠

第一，不能完全确认真伪的翡翠不能轻易购买。首先，与翡翠相似的玉石有很多种；其次，翡翠优化处理的方法也有很多种，尤其是B货翡翠，在没有专业测试手段的情况下，即使是长期从事翡翠工作的人都不能完全保证可以准确地辨识出来。再次，翡翠的各种仿制品也大量出现在市场上。最后，合成翡翠已达到很高的水准，而且目前可能已批量进入市场。所以，在购买翡翠之前，如果自己没有足够的专业知识辨识翡翠真伪的话，最安全的做法是索要正规的鉴定证书。鉴定证书只能证明翡翠的天然性，并不能说明其质量的好坏和价值的高低，这一点大家也需要明白。翡翠的真假和优劣评价非常复杂，即使是长期从事翡翠行业的人一不留神也可能出现打眼的情况，所以无论何时何地购买翡翠都要记住，不过分自信是非常有必要的！

第二，不了解市场行情时不要轻易购买翡翠。在购买翡翠之前，要先多看，了解一定的市场行情，明确自己想要购买的翡翠在市场上正常的价格范围是什么。切忌在完全无知行情的情况下轻易购买翡翠。比如，一只种色俱佳的翡翠手镯，当前的市场行情应该至少是几十万元的价位，而卖家只卖2万元钱，这显然是极不合情理的。像这样完全背离正常价格的情况，哪怕你不会判断翡翠的真伪，也会知道这是不可能的事情，应该高度警惕起来。

第三，没有特色的翡翠不要购买，或者说没有特色的翡翠不适合收藏更没有投资价值。翡翠的品种很多，翡翠成品的形制也很多，适合投资收藏的可以不是最贵重的高档翡翠（因为那毕竟需要更多的资金支持），但一定是有特色的翡翠。在某一方面或某些方面与其他的翡翠不同，有自己独特的魅力。比如有的翡翠颜色虽然不好，可是它的分布很有特色，这样的翡翠价格不高但却很值得一买。有的时候，翡翠的用料可能不是很好，但是设计和雕刻得很巧妙，这样的翡翠同样也值得购买。这样的翡翠即使没有很大的升值潜力，但是也绝不会贬值。闲时拿出来把玩欣赏也能带给你美好的精神享受！

第四，有明显缺陷或重大问题的翡翠不要轻易购买。对于翡翠来讲，最严重的问题可能是裂纹了，表面上任何一条裂纹都应引起足够的重视，如果发现有从一端通到另一端的裂纹（叫通裂），即使别的方面都非常满意也应该果断放弃！尤其是价值高的高档次翡翠，裂纹对其价格的影响是相当巨大的。其他缺陷也有很多种，比如形制不完整或有损伤，有些雕件的某些部分因为造型的需要，可能很小很细，容易损伤，有些可能在搬运或拿放的过程中受损，这些必须通过重新加工修改才能去除的缺陷和损伤的翡翠应该谨慎购买。有些形制的翡翠特别不标准也要谨慎购买，比如手镯的尺寸太小，绝大多数常人都无法佩戴。或者，戒面的形状过于不规则或不成比例，这样不仅影响美观还可能难于镶嵌，而不能镶嵌的戒面是无法佩戴的。这类翡翠单看时可能从品质上没有问题，但如果考虑不周还是会带来不必要的损失。

▧满绿翡翠观音配钻石吊坠

▧翡翠蛋面吊坠

# 和田玉

从7000年前的新石器时代开始，和田玉制品便被发现作为日常用品、饰品、祭器、礼器出现在生活中，成为不可或缺的一部分。历代以来，琳琅满目的和田玉制品都是能人巧匠的心血结晶，是传统文化的重要组成部分，也是人类艺术史上的光辉成就，被誉为东方艺术。

和田玉的质地细腻、柔和，像油脂一样闪烁着一种特殊的光泽，"温润而泽"是和田玉给人最直观的感觉。上好的和田玉会泛出油脂般的光泽，滋润而柔和，令人赏心悦目，这使它显得十分优美而含蓄，观赏价值极高；和田玉非常坚韧，抗压力超过钢铁，它经得起精雕细琢，再精细的工艺造型也能雕琢得工整流畅、清晰完美。这些特性使得人们对它推崇备至，赋予它"君子比德于玉"的高度赞誉。

▨和田玉弥勒手把件　　　　▨和田玉无事牌

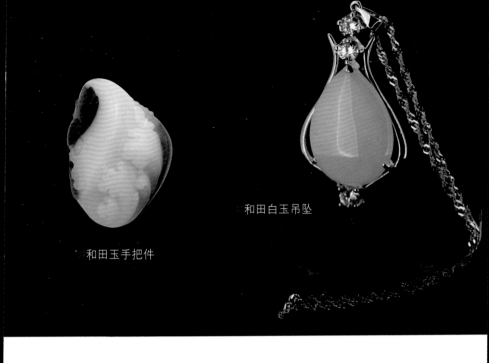

和田白玉吊坠

和田玉手把件

---

# 和 田 玉 名 片

**矿物组成**

　　和田玉的矿物组成以透闪石为主，并含有蛇纹石、石墨、磁铁等微量
　　矿物质

**结构**

　　和田玉的矿物颗粒细小，结构致密均匀，所以和田玉质地细腻、润泽
　　且具有较高的韧性

**光学性质**

　　颜色——软玉的颜色主要有白、青、灰、绿、黄墨色等

　　光泽——半透明至不透明，抛光后呈玻璃至油脂光泽

　　折射率——1.60~1.61（点测）

**力学性质**

　　密度——2.95g/cm³

　　硬度——5.5~6.5，不同品种硬度略有差异，同一地区所产的青玉硬
　　度大于白玉。韧度极高，仅次于黑金石，是常见宝玉石品种中韧度最
　　高的宝石，断口常为参差状

## ❋ 和田玉的分类

和田玉一般根据其产出的不同情况，将其分为山料、山流水、子玉三种。

子玉是高山上的原生玉矿剥落后，被流水冲到河中，经过河水不停地翻滚冲刷而形成的。经过长期河水的浸泡和冲刷，玉石的质地更加细腻温润。同时，由于和田玉中氧化亚铁的氧化作用，使得和田子玉上大都带有次生的皮色，有黄色、枣红色、黑色等。子玉一般块头都不大，加工打磨后，呈现油脂光泽，是和田玉中的上品。真正的子玉，无论多么细腻，它的表面，会有无数细细密密的小孔，非常像人身皮肤上的汗毛孔。这种在自然状态下形成的表面现象，绝不是人工可以伪造出来的，在10X放大镜下，可以很清楚地看到。

▨和田玉子料雕件

▨和田玉子料手把件

山料又称山玉，从山上开矿采集的玉石称为山料，特指产于山上的原生矿，山料的外表因为有一层璞，必须切割掉外表（即玉璞，与子料的皮不同），才能判断玉质的好坏。山料的特点是块度大小不一，呈棱角状，良莠不齐，质量常不如子料。山料的产量较大，质量参差不齐。

▨和田玉山流水料

还有一种介于山料和子料的被称为山流水，指产于离原生矿较近的洪坡积、冰碛中的玉石，一般被河水搬运的时间或距离较短，其块度大，有一定的棱角，稍有磨圆，表面较光滑。

和田玉一般以颜色来进行品种分类，比如白色的叫白玉，绿色的叫碧玉，黄色的叫黄玉，黑色的叫墨玉，青色的叫青玉，糖色的叫糖玉。和田玉还有一部分可能同时出现两种颜色的玉石，比如青白玉，糖白玉，青花玉等。

▨和田玉山料

## ※ 和田玉的优化处理及鉴别

和田玉的优化处理主要有浸蜡、染色拼合和做旧处理。

浸蜡是用石蜡或液态充填和田玉表面，以掩盖裂隙，改善光泽。浸蜡的和田玉具有蜡状光泽，有时会污染包装物，肉眼可观察。染色和田玉选择整体或者局部染色，局部染色常用来仿子料的皮子。颜色有黄色、褐黄色、红色、褐红色、黑绿色。染色软玉颜色鲜艳不自然，仔细观察，可以发现染料多存在于表皮表面或裂隙中。拼合通常是指将糖玉薄片贴于白玉表面，然后进行雕刻，将多余的糖色雕刻掉，剩余的糖色部分组成所要表现的图案，用来仿俏色浮雕。拼合软玉的特点是俏色部分的颜色与基地的颜色截然不同，无过渡，仔细观察可见拼合缝。

和田玉手串

和田玉花开富贵吊坠

和田玉的"做旧"处理，是古玩市场常用的手段。作为出土文物的古玉，因为埋藏年代久远，会形成不同颜色的"沁色"，如土黄色的"土沁"，红色的"血沁"，黑色的"水银沁"，灰色的"石灰沁"等。做旧的目的就是仿古玉。20世纪90年代之前的仿古玉"做旧"仍采用传统的方法，即将仿玉的和田玉放入梅杏干水中煮几天，直到将玉上的杂质、裂纹、油脂腐蚀成不光亮状，或出现坑洼麻点后取出。在其产品表面涂以猪血或地黄、红土、炭黑、油烟等，再经火烤，使色浸入内部；擦拭十净后，再放入油、蜡锅中浸油，恢复表面油状光泽，即仿制成古玉。如果将这样的仿旧古玉埋入地下半年或一年，再经常浇些水，取出后效果更好。有时为了仿古人玩过的旧玉效果，还用麦糠揉搓，用皮肤磨蹭，用皮子擦拭。玉石的做旧处理主要从颜色、所仿制朝代的加工工艺及纹饰特征等方面进行鉴定，在此不做过多介绍。

※和田玉官上加官牌

## ※ **和田玉与相似品的鉴别**

与和田玉最为相似的是白色石英岩，肉眼鉴定时应仔细观察以下几个方面。首先，和田玉多为油脂光泽，而石英岩具有玻璃－油脂光泽；其次，和田玉十分细腻，具有纤维交织结构，因此断口为参差状，而石英岩为粒状结构，仔细观察断口处，呈颗粒状，同时，和田玉的透明度一般比石英岩低；最后，手掂同样大小的和田玉和石英岩，石英岩会明显偏轻。

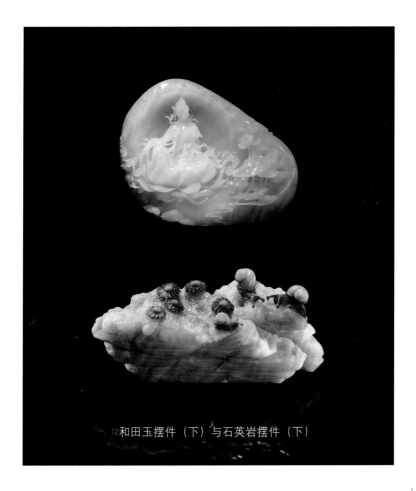

和田玉摆件（下）与石英岩摆件（下）

岫玉也具有较为细腻的结构，与和田玉较为相似，特别是白色与黄绿色的岫玉，因此购买时需要注意：和田玉为油脂光泽，而岫玉主要为蜡状光泽；由于和田玉硬度明显高于岫玉，因此岫玉做成的雕件明显棱角更趋于圆滑。并且，软玉制品大多颜色干净单一，而大块岫玉雕刻品可出现灰、黑、黄绿等几种颜色掺杂的现象。

质地细腻、洁白的大理石俗称"阿富汗玉"，常常用来仿制白玉，但大理石密度、硬度均低于和田玉，手掂重量较轻，呈粒状结构，有玻璃光泽，看起来与和田玉有较大区别，仔细观察不难区别。

▨ 和田玉手镯（上）
与岫岩玉手镯（下）

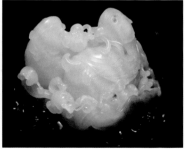

▨ 和田玉摆件（左）与阿富汗玉摆件（右）

## ※ 和田玉的选购

影响和田玉质量评价的因素有很多，评价软玉的质量或价值不能片面注重其中的某些方面，而应该综合考虑所有的因素。

| 影响因素 | 评价特征 |
|---|---|
| 颜色 | 白玉是软玉中最重要的品种，白度等级对白玉来说非常重要，只有悦目的白色，才更能诠释白玉的美。如和田玉中最著名的羊脂白玉，它的颜色像羊尾部的脂肪一样白，是有很强油脂光泽的白色，只有这样的白色才最能体现出白玉温润的品质。其他颜色的玉则要求色彩鲜艳并且色度纯正，也就是说尽量不能带有其他的色调，尤其是不能带偏灰、偏土、偏暗的色调。同一块玉料上颜色要均匀，尽量不要有其他的杂色。当然，对某些过渡品种另当别论，大多数情况下，过渡品种中的软玉常被制作成俏雕作品，如果设计和雕琢得好的话会大大提高它的价值，甚至会超过纯色的软玉 |
| 质地 | 一方面，矿物颗粒越细其质地越好；另一方面，矿物颗粒的结构越紧密，致密如毡状者质地越细腻。一般而言，质地越细腻的软玉抛光后其光泽也越油润。软玉与其他玉石最大的区别在于它的细腻温润，在评价软玉的品质时，行家们往往更看重的是质地而不是颜色（当然颜色与质量俱佳的是上上品），这就是为什么一块质地细腻的青白玉比一块质地较粗的白玉价值更高的原因 |
| 瑕疵 | 和田玉的主要矿物是透闪石，杂质含量增高会使玉石的外观或某些物理性质发生改变，降低玉的品相。如有些碧玉虽然颜色很好，但其中含有较多的黑色石墨杂质，这样就会使玉看起来很脏，因而大大降低了它的品质。另外，裂纹也是降低其价值的重要因素 |
| 大小 | 在玉质相同的情况下，块度越大者价越高，但是一般优质的玉种如羊脂玉、黄玉、墨玉等块度大的极少见到，偶尔出现，其价值极高 |
| 皮色 | 由于和田玉子料和山料的价格相差很多，而皮是子料特有的特征，也是真品的标志。一些名贵的子料品种有枣皮红、黑皮子、秋梨黄、黄蜡皮、洒金黄、虎皮子等。自古以来，同等的带皮色的子料价格要比不带皮色的子料贵得多。由于许多人对皮盲目追求，加上一些唯利是图的黑心商人推波助澜，目前和田玉市场上假皮远远多于真皮，甚至有些本来较好的料为了卖出更高的价钱也被做上假皮，真是画蛇添足 |
| 雕工 | 主要看工艺水平和题材两方面。和田玉属高档玉料，因此对雕工的要求更高，好的雕工会大幅提升玉的价值。山料的雕琢要突出和田玉的材质美，子料的雕琢还要把好的皮色恰到好处地表现出来，即所谓的俏色雕工 |
| 历史 | 由于和田玉在我国有很长的使用历史，大部分古玉器都是和田玉所制，各历史时期的玉器都有其不同的特点，准确判断其制作年代和文物价值也是和田玉评价中重要的一部分内容。由于我国收藏古玉也有相当长的历史，所以古玉的仿制也有很长的历史，到科学技术高度发达的今天，仿制技术更是日新月异，层出不穷，因此软玉的断代也变得越加困难也越加重要。真正有很高价值的玉器一定是保存完好，具备好料、好工、稀少，并具有代表性的历史价值等特征 |

■和田青玉壶

和田玉的质量和价值评价是建立在上述的多种影响因素的基础上的，是一个综合的评定过程。但是目前却出现了一种仅以产地来评价其价值的片面观点，他们认为只有产于新疆和田的玉的价值最高，而且这一观点还通过一些商家和所谓的专家的推波助澜影响了许多消费者，使许多人产生了很大的误区。持这种观点的人普遍认为新疆产的和田玉比其他产地的软玉品质好，尤其在销售的过程中大力宣传这种说法。这使很多买玉的人陷入唯产地至上的误区，认为只要是新疆产的不管品相如何都是好玉，其他产地的软玉品相再好也不值钱，这显然是一种狭隘的观点。不可否认，新疆产的和田玉（尤其是白玉）在品质上普遍好于其他产地的软玉，但是并不是所有新疆产的玉一定比别的产地的软玉（尤其是除白玉外的一些品种）品质好，这一点也是显而易见的。这种片面而过分地追求产地的看法是背离我们赏玉和藏玉的主旨的，毕竟我们爱玉不是爱它的名字，爱的是玉本身，是玉的品质，只要玉的品相俱佳又何必一定要追究它的产地呢！

从已取得的研究成果来看，准确地判定软玉的产地目前来说并不容易，至少还没有在现有的实验室条件下能快速而准确地判断出软玉产地的方法和手段，包括DEXRF等这样的大型仪器都没有什么意义。尽管有许多人声称可以区分新疆软玉和其他产地软玉，但多数属于经验之谈，主要依靠人的主观判断，这种标准确实是难以言传的，这种权威的形成也不是一年两年就能达到的，对很多人来说，这种经验的获得几乎花费毕生的精力。

所以，这个行业中必然存在大量技术不够娴熟的人，这就为"和田玉"的仿造者提供了空子。由于并没有科学系统的鉴定方法，尤其是没有可量化的数据标准，因此在产地鉴别上会出现许多误判的情况，在这样的条件下强调和田玉产地的明确化从技术上是根本不可行的。

由于目前新疆产的和田玉产量有限，大量的其他产地的软玉源源不断地流入市场，而且已经逐渐占主导，但由于没有准确判定产地的方法和统一的标准，过分强调和田玉的产地，尤其在商业上强调新疆产的和田玉好且比别的产地的贵，这样在事实上造成了市场的混乱，再加上一些商家和检测部门出于经济利益的考虑误导消费者，广大的消费者不明真相，上当受骗后悔莫及了。总之，鉴赏和田玉不能过分追求它的产地而应回归到玉质本身的美这一本源上来。

▧和田碧玉百财摆件　　　　　　▧和田玉和合二仙雕件

和田玉首饰

# 其他玉石

除了翡翠和和田玉以外，目前市场上还有一些其他品种的玉石受到人们的关注和喜爱，一些原来不太为人们熟知的玉石品种也逐渐走进人们的视线，并越来越受到追捧，比如青金石、苏纪石、黄龙玉、南红玛瑙等。这些玉石中和田玉的价格已经在数年间飞速飙升，其他品种玉石也具有越来越广泛的认知度，受到不少投资客和收藏爱好者的青睐。

青金石配天珠念珠

青金石手串

## ※ 青金石

青金石是我国传统的玉石之一，古称"金碧""点黛"或"璧琉璃"，又称天青石。因其色相如天，历来备受帝王青睐，据记载，皇帝朝珠杂饰为：天坛用青金石，地坛用琥珀，日坛用珊瑚，月坛用绿松石；皇帝朝带其饰为：天坛用青金石，地坛用黄玉，日坛用珊瑚，月坛用白玉。在清代，四品官员的朝服顶戴为青金石。

青金石由多种矿物组成，从地质学原理角度应该称为青金岩，但在历史上人们一直称之为青金石，国家标准也采用青金石这一名称。青金石是一种比较美丽而稀少的多晶质宝石，它以鲜艳的蓝色赢得东方各国人民的喜爱。

青金石被分为三种——青金石、催生石、金格浪。

其摩氏硬度为5.5，比重是2.7～2.9。青金石拥有独特的蓝色、深蓝、淡蓝及浅青色等；催生石为浅蓝色，含较多白色方解石者，蓝白相间，因古人用此石作催生药之说而得名；金格浪为深蓝色，一般不含方解石，黄铁矿含量多于青金石矿物，阳光下金光闪闪故得名。

❀合成青金石

❀青金石手串

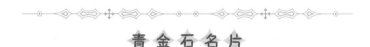

# 青金石名片

**矿物组成**

青金石主要矿物组成是青金石，另外还可有方解石、黄铁矿、方钠石、透辉石、云母、角闪石等

**结晶习性及结构**

晶体形态呈菱形十二面体，集合体呈致密块状、粒状结构

**光学性质**

颜色——深蓝色、紫蓝色、天蓝色、绿蓝色等。如果含较多的方解石时呈条纹状白色，含黄铁矿时就在蓝底上呈显黄色星点

光泽——玻璃光泽-树脂光泽，不透明到半透明

折射率——1.50，短波紫外线下可发绿色或白色荧光，青金石内的方解石在长波紫外线下发褐红色荧光

**力学性质**

硬度——摩氏5~6

密度——2.5~2.9g/cm³，通常情况下为2.75g/cm³，取决于黄铁矿的含量

解理——体无解理，可具粒状，不平坦断口

### × 青金石的优化处理及其鉴别

目前市场常见的是将颜色不好的青金石染成高质量的染色青金石，其特点是颜色均匀，有时会出现局部颜色过深的现象。放大镜下观察，可见颜色沿裂隙分布，在裂隙处可见染料颗粒聚集，用棉签沾丙酮或酒精擦拭，掉色现象明显。阿富汗青金石一般都有白色杂质，其杂质越少品级越好，没有杂质的也就是极品。但青金石上的白色斑痕，说明未经染色，因为白色物质是与青金石共生的方解石，这种矿物极易被染色，如果经过染色，会全部呈现深蓝色，也不会有白色杂质。染色青金石水洗不会脱色，但用酒精溶剂擦拭会出现部分脱色。

❋青金石白玉吊坠项链

### × 青金石的选购

好的青金石颜色深蓝纯正，无裂纹，质地细腻，无方解石杂质，不含金星（黄铁矿）或带有很漂亮的金星均为上品。很多人都认为青金石金星越多，品质越好，其实恰恰相反，青金石里的金星与白线都是青金石的杂质，因此白线越少越好。同时，金星越少或颜色越艳丽，且分布越均匀越细密的青金石才是极品。很多人喜欢青金石是因为其湛蓝的色泽与满铺的金色、白色斑点，因此很多珠宝饰品就会选择杂质较多的青金石设计成价格相对低廉、充满创意的饰品，如果只是用来装饰，那么这一类饰品则非常适合。

青金石的矿产量丰富，但是可以达到宝石级的青金石却极其稀少，因此想要投资保值的朋友在购买青金石时，务必要选择宝石级别的青金石。在近两年的时间里，优质青金石的价格至少翻了三倍，由于其宝石级别量产的稀少性，使它的升值潜力极其巨大，相对其他已经被热炒的玉石，目前还处于相对低价阶段，因此，高品质青金石是长线投资较好的选择。

世界上著名的青金石产地有阿富汗、智利、加拿大等国家，但首推阿富汗。阿富汗所产青金石有着均匀的深蓝色至天蓝色，极细粒的隐晶结构中夹杂微量的黄铁矿，使其在阳光照射之下精光生辉。

## ※ 石英质玉石

石英质玉石是市场中最常见的一种玉石，主要矿物组成是石英。因其矿物颗粒的大小可分为显晶质玉石和隐晶质玉石两大类。显晶质玉石包括东陵石、芙蓉石、密玉等，隐晶质玉石包括木变石、玛瑙、玉髓、硅化木等。

总体来说，石英质玉石的产量巨大，所以价值高的品种不多，近年来价值上升明显的主要是以下两个品种。

▨黄龙玉印章

## 黄龙玉

近年来在云南龙陵与芒市交界一带的苏帕河中发现了一种被称为"云南黄蜡石"的玉石，因其石质细润，色泽金黄，块形硕大、变化丰富，有很高的观赏价值。黄龙玉的主色调为黄色，兼有羊脂白、青白、红、黑、灰、绿、五彩等色。2004年，这种新玉种被云南省观赏石协会命名为黄龙玉。黄龙玉成品的品质非常独特，集中了和田玉的细腻和光泽、田黄玉的柔韧、寿山石的色调，手感温凉油润，使人百看不厌。

黄龙玉的主要组成是黄色玉髓（占97%），块状构造，粒径很小，为隐晶质结构。其硬度和折射率与玉髓的相同，以鲜亮的黄色为主，还有黄红色、浅黄色、浅红色、蛋白色和灰白色等，其最大的特点是具有很强的油脂光泽。黄龙玉的矿物成分为石英、少量的方解石、少量的铁泥质矿物（2%～3%）、蒙脱石、绿泥石等。其中隐晶质玉髓和少量重结晶呈他形镶嵌粒状的石英共同构成了黄龙玉的硅质成分。黄龙玉中石质细腻通透，呈半透明-透明状，有油脂光泽，杂质少，块度大者，裂纹少，色泽为白、黄中呈现团块红或丝状红，并且红色纯正鲜艳者为上品。

近五年来，黄龙玉价格经过一轮暴涨，其中有多方面的因素，除了玉质本身的吸引力之外，不乏炒作的成分在里面。现在，黄龙玉的价格已趋于平稳和正常，一般品相的黄龙玉的价格甚至已下跌三成以上。但高品质的黄龙玉价格依然坚挺，说明这一玉石新品种的市场已逐渐趋于理性。

## 南红玛瑙

南红玛瑙是一种很特别的宝石品种，产地主要在中国云南附近的少数民族地区，最具代表性区域为云南省保山市，出产的南红玛瑙被称为南保山南红；甘肃地区也出产南红玛瑙，简称甘南红；近年来，在四川省凉山州新发现了的南红玛瑙矿石，就是凉山美姑南红玛瑙。

与市场上多数红玛瑙不同，南红玛瑙的颜色是完全天然的，没有经过任何的人工处理，常见的颜色有大红、柿子红、橘红，还有深红（酒红、枣红）、樱桃红，以及紫红等。这些颜色的透明或半透明的玛瑙变化色，包括接近透明局部有红意者，都大致定义为南红的颜色范围。

※南红玛瑙手串

❈天然南红玛瑙手串

南红玛瑙中，颜色鲜艳，质地细腻，温润油性者为最佳。锦红最为珍贵，最佳者红艳如锦，其特点是红、糯、细、润、匀。颜色以正红、大红色为主体，其中也包含大家所熟知的柿子红。

近年来南红玛瑙风头正劲，成为收藏界的宠儿，价格也受此影响一度飙升，其价格伴随玉石收藏热水涨船高，一些极品的老南红料的价格高达几万到几十万元人民币不等。

南红玛瑙并非新发现，它是有着几千年应用历史的玉石材料，只不过优质的南红玛瑙在近代一度绝矿，南红玛瑙产量很低，高品质的较为罕见。因而存世的老南红玛瑙不多，价格也比较高，令一般玩家望尘莫及，许多玩家因此转而收藏新品南红。而新发现的四川凉山南红矿，玉质尚佳，块度也大，如再加以精致的雕工，也比较有收藏价值。

❈天然南红玛瑙财神吊坠

## ※ 苏纪石

苏纪石，俗称舒俱来石，亦称"千禧之石"，被誉为"南非国石"，矿物名称为硅铁锂钠石。是一种新兴的集合体玉石，具有独特的紫红色、蓝紫色，属于稀有宝石，近年来常用于切磨弧面宝石、珠子和雕件。早在1944年日本就发现了苏纪石，而到20世纪80年代末，才在南非发现了宝石级的苏纪石。当时发现的数量共约5吨，其中360千克可用作宝石。

苏纪石为六方晶系，但单晶罕见，常为半自形粒状集合体。苏纪石一般为红紫色、蓝紫色，少见粉红色，常见深浅不同的紫色与紫红色交织，冷艳高贵。具有蜡状及玻璃光泽，半透明－不透明，达到宝石级的苏纪石可以呈现漂亮的半透明，不过较少见。苏纪石无解理，摩氏硬度为5.5～6.5，密度为2.74g/cm³。

苏纪石属于稀少宝石，也是宝石市场中新兴之秀，产于南非喀拉哈里沙漠的含锰区域，日本和加拿大（魁北克）有零星小矿区。尽管苏纪石的发现历史很短，但是已有报道称这种宝石资源已近枯竭。还未发现其他具规模的苏纪石矿。

※苏纪石项链

# 市场行情

## 分析和发展趋势展望

# 晶体宝石

晶体宝石中传统的高档宝石包括钻石、红宝石、蓝宝石、祖母绿和金绿宝石。这些宝石具有长期稳定的投资价值，尤其是高品质的宝石具有更显著的投资和收藏价值，但是这些宝石的价格也因此处在很高的位置，对于大多数人而言，并不容易承受。另外，其他一些品种的宝石因其优良的品质逐渐跨入高档宝石的行列并且具有越来越热门的趋势，以下介绍几种近五年来最具购买价值和发展潜力的宝石。

## ❋ 祖母绿

在传统高档宝石中，祖母绿在世界珠宝市场上一直呈现出持续增长的趋势，最近五年，国内外珠宝爱好者对祖母绿的投资收藏热情也日益高涨。从2015年香港国际珠宝展上祖母绿的价格涨幅来看，祖母绿正在发力，行家保守估计未来两年，祖母绿价格必然翻一倍。

▨祖母绿配钻石戒指

祖母绿的颜色艳丽迷人，但其最大的问题就是净度普遍不高，这在某种程度上影响了它的美丽。充填处理是改善祖母绿净度的一种手段，可以把祖母绿内部显而易见的包裹体变为难以察觉的包裹体。注油是为了保护祖母绿在加工过程中不会破损，是全世界认可的一种保护祖母绿的优化手段。一般浸油的主要材质是雪松油和棕榈油，对祖母绿充填树脂油以外的物质，都会被定义为充填处理的范围内。

▨祖母绿耳环

GRS（瑞士宝石研究实验所）证书对祖母绿充填优化注油有一个细致的划分。对注油量的多少会给出None（无）、Insignificant（极微量）、Minor（微量）、Moderate（中度）、Prominent（明显）、Significant（重度）等七个等级划分。国家珠宝玉石质量监督检验中心（NGTC，简称：国检）针对祖母绿出台了与国际接轨的检测标准。国家珠宝玉石检验证书则根据注油量的多少，在备注中会标注"经净度改善""净度轻度改善""净度中度改善"和"净度重度改善"。根据祖母绿注油量的多少，GIA的分级是None（无）、F1（微量Minor）、F2（中度Moderate）和F3（重度Significant）。因此，在购买和收藏祖母绿时一定要索取可靠的鉴定证书，仔细阅读证书上的相关内容，正确理解其表述的含义，在此基础上指导自己的购买计划和价格。

▨碧玺项链

## ❋ **碧玺**

　　碧玺是颜色变化最丰富的一种晶体宝石，色彩色调变幻多姿，甚至在同一块宝石两端呈现不同的颜色。碧玺虽然在世界各地都有矿区，但是，优质碧玺矿区却不多，而且最近几十年都没有新的优质矿区被发现，这使高档碧玺的供应量越来越不足，而且产量也不稳定，这是碧玺价格上涨的因素之一。其次碧玺的脆性较大，包体含量高，这使得其加工成本相对较高，得到一块高品质、无瑕的碧玺难度加大。另外，随着红宝石、蓝宝石、祖母绿等传统高档宝石价格的进一步上涨，对能替代它们的优质碧玺的需求量也会因此急剧增加。

　　综合以上原因，品质优良的碧玺在过去五年间市场价格一路攀升，每年的增值超过20%，有些品种的价值甚至超过钻石。以前碧玺属于中档宝石，一般都是以克数计价，现在优质的碧玺品种早已跨入高档宝石的行列，都是以克拉计价的，而且单价不菲——接近或超过每克拉1000美元。

　　碧玺主要依据颜色划分品种，价格居高并具有良好升值潜力的品种有以下几种。

### 帕拉依巴碧玺

帕拉依巴碧玺因含铜、锰元素使其呈现出令人惊艳的绿蓝色，但是它的产量却只有钻石的千分之一，大克拉的帕拉依巴碧玺更为罕见。因其产量极少，所以价格非常昂贵，优质的帕拉伊巴蓝色碧玺的价格超过钻石，在每克拉2万美元左右。

▨帕拉伊巴碧玺戒指

### 双色碧玺

碧玺的同一个晶体在长轴的两端呈现出不同的颜色，这样的碧玺被称为双色碧玺。其中又以两端分别为红色和绿色的双色碧玺价值最高，俗称西瓜碧玺——因其颜色分布颇像西瓜截面而得名。双色碧玺的价格主要依据其颜色的鲜艳程度，两端颜色的对比度和净度而定，优质双色碧玺价格比肩高档宝石。

▨西瓜碧玺配钻石戒指

### 红色碧玺

红色碧玺是除了帕拉依巴碧玺之外价值最高的单色碧玺，其中红宝石色和桃红色的价值最高。

▨红宝碧玺裸石

※ 蓝碧玺

蓝色碧玺在碧玺中是常见的一个品种，但绝大多数蓝色碧玺带有其他色调，比如绿蓝色、灰蓝色等，只有纯正艳丽不带任何色调的蓝碧玺才具有较高的投资价值，因为非常罕见，所以品相好的纯蓝色碧玺价值很高。

※ 蓝碧玺配钻石吊坠

## ※ 坦桑石

坦桑石具有美丽的宝蓝色，顶级坦桑石的蓝色深邃浓郁，呈现天鹅绒般的丝绒感，色彩完全可以与皇家蓝蓝宝石相媲美。但是坦桑石的净度要比蓝宝石好，所以它在世界各国的珠宝市场替代价格极其昂贵的蓝宝石已经是不可取代的选择。

由于坦桑石只产在坦桑尼亚的阿鲁沙市附近的乞力马扎罗山下区区20平方千米的山麓里，产地唯一，资源稀缺，所以在最近五年间，坦桑石的价格在其国内就已至少上涨三倍以上，由此可见，这种宝石在未来必将具有很大的升值潜力和发展空间。

在欧洲，坦桑石已逐渐跻身高档宝石的行列，随着美国总统克林顿夫妇及女儿分别在1998年和2000年访问坦桑石的产地——阿鲁沙，坦桑石在美国市场的价格已经升至与红宝石相仿。

※ 坦桑石配彩色宝石及钻石首饰套装

2010年开始，中国国内坦桑石市场开始活跃，每年的价格增速都超过30%。不仅如此，坦桑石市场已经在国内的一、二线城市较成熟，发展中的二、三线城市对坦桑石也越来越关注。在各地举办的珠宝及宝石展览会上，不少坦桑石的参展商都表示，国内高端客户对大颗粒及纯净的高级货有着强烈的需求，已将此类货品的市场价格推高三至四成！

※坦桑石戒指

## ※ 沙弗莱石

沙弗莱石是石榴石大家族中的一员，属于铬钒钙铝榴石，它除了具有像祖母绿一样艳丽高贵的颜色外，还拥有祖母绿没有的高纯净度和高光泽度，因为它具有祖母绿不可比拟的高折射率和火彩，又不像祖母绿那样含有那么多的包体内含物。

其实在石榴石家族中还有一种同样具有这一特征的品种——翠榴石（钙铁榴石），但是它在俄罗斯乌拉尔矿区几乎绝产，所以尽管更加稀有更加珍贵，但从长期的市场发展和升值空间来

※古垫形沙弗莱石配钻石戒指

※天然沙弗莱石配钻石项链

看，沙弗莱石无疑具有更好的投资潜力。尽管沙弗莱石在宝石市场上崭露头角不过几十年，沙弗莱引起各方重视也不过是最近五年的事，但是它受到市场追捧的强劲程度绝对不可小觑，目前优质沙弗莱石每克拉的单价超过1000美元已是非常轻松的事，可以预见的是，它将是未来几年内替代祖母绿最完美的宝石品种。

※天然橘红色尖晶石配钻石戒指

## ※ 尖晶石

尖晶石也是一种色彩变化十分丰富的晶体宝石，与现在风头正劲的碧玺相比，它的硬度更高，折射率更高，净度更高，加工性能也优于碧玺，而且几乎很少被人工优化处理，这意味着购买风险比较低。

尖晶石中红色和蓝色的品种颜色艳丽，完全可以媲美红宝石和蓝宝石，欧洲皇室甚至将红色尖晶石误认为是红宝石镶嵌在皇冠上。

用"天生丽质难自弃，终有一举成名时"来形容尖晶石再合适不过了，虽然目前它尚未受到应有的重视，但它的发展趋势值得期许，作为投资和收藏对象，在其价格尚未大涨之前予以关注是很有必要的。

※粉红色尖晶石耳环

# 有机宝石

有机宝石在宝石大家族中属于一个小集体，除了珍珠以外，大多数有机宝石基本上属于比较小众的品种，在珠宝市场上并不起眼。不过最近几年的国内市场上有机宝石中的主要品种却纷纷异军突起，尤其近两年，在翡翠与和田玉市场有所放缓的情况下，有机宝石表现出强劲的上涨势头，现在甚至成为许多珠宝店的销售主力，销售额和成交价格都在快速增长。相比昂贵的翡翠与和田玉，动辄几万元、几十万元的价格而言，有机宝石相对亲民的价格与其优良的品质吸引了越来越多的收藏和投资者。

▧红珊瑚佛瓜雕件　　　　　▧红珊瑚观音吊坠

## ※ 珊瑚

珊瑚的品种很多，目前受到追捧的主要是红珊瑚。红珊瑚中，阿卡、沙丁、莫莫都是宝石级的珊瑚品种。

目前，红珊瑚的价格已经达到每颗几千元甚至上万元。如果以克论价的话，高档红珊瑚的单价高于很多宝石，更高于黄金。事实上，高档珊瑚在市场上已经以克论价，而且两年上涨三倍。顶级红珊瑚的价格2014年每克在6000～8000元，2015年涨到每克12000～18000元，有一定年份的老红珊瑚的价格更是达到每克15000～25000元。普通红珊瑚的价格也从每克2000～3000元涨到每克6000～8000元，就算是莫莫级的也要每克1000元。

▨红珊瑚观音摆件

产于我国台湾省至日本沿海和地中海沿岸地带的红珊瑚质量上乘。台湾红珊瑚的产量大概占全世界红珊瑚总产量的60%～70%。因为稀少难得，升值潜力越来越大。产于意大利的沙丁红珊瑚，价格也在不断上涨。

▨红珊瑚牡丹雕件

▨红珊瑚随形胸针                    ▨红珊瑚发财树胸针

珊瑚的生长特点决定了其生长速度极其缓慢，且不可再生，珊瑚对海水及环境的要求也高，这些因素几乎都不能受到人为的干预和控制，目前还没有养殖红珊瑚的技术，它只能在符合其生长条件的海水里按照自己的生物特性自然生长，所以很难提高产量满足日益旺盛的需求。

随着红珊瑚资源的日益枯竭，主要出产国已将红珊瑚虫列为国家一类保护动物，禁止随便采摘，我国也将红珊瑚列为国家一级保护野生动物。红珊瑚的开采、销售、经营必须取得农业部颁发的《水生野生动物经营利用许可证》。

台湾是红珊瑚的主产地之一，他们把珊瑚的生产区域进行划分，依次轮流开采，已经形成了世界上最完整的一套珊瑚开采管理办法——每艘渔船上都安装有全球定位系统，能够监控渔船在划定的区域内作业。每艘船每年捕捞红珊瑚的数量也会统一管理，通过调控，将红珊瑚的开采和生长控制在一个平衡的状态。另外，开采难度大和出口控制也成为其价格逐年攀升的重要原因。

※红珊瑚手串

一般来说，同等质量级别的三种红珊瑚，价格排列顺序为阿卡>沙丁>莫莫，这些收藏级的珊瑚每克在两三千元甚至上万元。而同等质量下，圆珠子比圆弧形戒面的价格高，戒面的价格又高于未切磨的树枝状珊瑚；同样的珊瑚枝，越粗的价格越高。同样的圆珠子，一对的价格高于单粒的价格，成串的项链要比一对耳钉单价高。同样的项链，等大的珠链要比塔珠价格高。

整棵的珊瑚树以前还时常可见，现在几乎可遇不可求。颜色好、雕工好的大珊瑚摆件，如今是只能在大型拍卖会上才能见到，其价格更是高得惊人。

总之，我们在选购红珊瑚的时候一般会遵循以下几个原则。首先，红珊瑚的颜色最重要，以牛血红色为最佳，色调纯正均匀为上。其次，红珊瑚的重量越大，尺寸或块度越大则越珍贵，再次，质地致密细腻的红珊瑚为最佳，尽量避免虫穴孔洞。最后，对于雕件而言，设计巧妙，雕工精细者为佳。

## ❋ 琥珀蜜蜡

　　琥珀是一种非常具有特点的有机宝石，它的质地特殊，比重很轻，颜色悦目而不张扬，有的在摩擦时还有淡淡的松香，适合男女老幼随身佩戴，这使琥珀具有广阔的消费人群。再加上其色泽醇和、温润如玉，所以被越来越多的人认识、喜爱和收藏。

　　我国古代就有以天然琥珀为材料制作器物、装饰品的习惯。琥珀鼻烟壶、手链、佛珠等有在拍卖会上拍出几十万元一件的价格，甚至百万元以上的记录。当下，各种琥珀挂件、佛珠、手串、摆件等成为收藏爱好者经常佩戴和收藏的装饰品。琥珀在中国是佛教七宝之一，最适合用来供佛灵修，而琥珀也是全世界所有宗教都认同的一种宝石，古时西方认为它有除魔驱邪的作用。这种普遍的认同感，是其他宝石所不具备的人文特性。也正因此，琥珀作为宝石或宗教宝物的历史非常悠久，附着了非常深厚的历史及文化内涵。

　　目前世界琥珀市场每年交易额约2亿美元，国际性的市场主要集中在美国、加拿大、意大利、日本以及一些琥珀出产国。俄罗斯、波兰、德国等国的珠宝商也积极向其他地区的珠宝消费市场推介琥珀。虽然国内各类大型拍卖会上拍卖的天然琥珀艺术品成交率与价格要低于其他玉石，不过一些琥珀精品的拍卖价格不断创出新高，正在成为收藏品的新宠。

多米尼加琥珀塔链

在国际珠宝市场上，琥珀市场本是行情平平，20世纪80年代，随着台湾地区的宗教文物市场盛行，琥珀开始在中国台湾、香港地区和新加坡、日本等地流行，收藏者日益增加，价格因此一路上涨。2011年以来，随着中国经济持续走强，收藏热渐渐兴起。琥珀在中国根据型、色、特征被分为很多品种，质量差别相当大，由于琥珀的品种多样，不像翡翠、钻石有明确的鉴定标准，造成了大量劣质琥珀充斥市场，琥珀市场曾一度低迷。伴随鉴定机构的成熟和人们对琥珀特质的了解，这种古老的宝石又重新焕发光彩，由于钻石及翡翠、和田玉等传统珠宝玉石的价格早已涨幅过高，以往不被重视价格偏低的琥珀渐渐得到收藏者的青睐，琥珀市场迎来了消费热潮，其价格几年间翻了数倍。

在全世界已知的众多琥珀产地中，根据出产的地域不同大致分为海珀和矿珀两种。

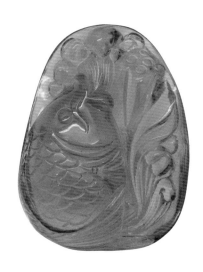

◀金珀鲤鱼吊坠　　　　　◀血珀观音吊坠

❀金搅蜜手串

　　海珀主要分布在波罗的海沿岸各国，矿珀主要分布在缅甸、多米尼加、墨西哥及中国抚顺等国家和地区。国内大多数的琥珀原料需要从海外进口，尤其是俄罗斯、波兰等国。海珀产量占世界琥珀总产量的80％以上，目前市场上看到的琥珀，大都是海珀。国内受传统文化的影响，海珀尤其是其中的蜜蜡更有优势，占据很大的市场份额。

　　矿珀的年代久远、品质坚韧、颜色较多，缺点是杂质通常太多，体积大而又纯净的矿珀很少，所以同等品质下，矿珀的价格要高于海珀2～3倍。我国所产琥珀均为矿珀，抚顺琥珀是国际琥珀家族中品质较高的品种。抚顺琥珀的特点主要是有珍贵稀有的远古昆虫、植物，并且易于变化、越玩越亮。抚顺琥珀的价格从2009年开始上涨，属于国内琥珀领涨的品种，但由于资源越来越少，几近枯竭，加上抚顺琥珀被申报国家地理标志保护、国家级非物质文化遗产保护，故身价倍增，一块看上去不起眼的抚顺料也价格不菲，几乎形成有价无市的局面。

自2013年开始，缅甸琥珀率先发力，价格攀升。缅甸琥珀以块大、透明度高、净度好、色彩艳丽、品种丰富著称于世。缅甸琥珀的开采处于无序状态，缅甸政府对琥珀出口的控制也不是十分有效。因此大量的缅甸琥珀被走私到中国。缅甸琥珀仅在一年之内价格的涨幅就翻了一番，这主要是其中的优质金珀、茶珀、柳青、蜜蜡、半根半珀等品种的带动。

※白蜜蜡吊坠

同年，波罗的海琥珀在短短的一个月里价格就增长了30%，而且在此后的时间里，由于最大产地俄罗斯加强了琥珀原料出口控制，波罗的海琥珀几乎一直在持续上涨。

多米尼加普通琥珀涨幅不高，主要原因是多米尼加琥珀的地质年代较近，相当多的部分硬度不够，影响了价格上升。但多米尼加琥珀也有一定规模出产，并且昆虫、植物含量较多，价格经济，随着其他琥珀价格飞涨，越来越会引起关注。不过多米尼加蓝珀却是例外，除了因为该品种资源稀缺、需求量大以外，其本身的迷人色彩，就足以支撑它的价格还会持续走高。

※蜜蜡吊坠

琥珀在西方是很受欢迎的收藏品，但国内藏家对其认识尚浅。波罗的海沿岸部分国家曾以政府行为高价收购藏家手中的大批存世珍品。例如，波兰文化部曾为格但斯克市的琥珀博物馆购入大批琥珀，这其中包括一位著名德国藏家历时几代人收藏的极品琥珀。

琥珀进入中国收藏界始于20世纪90年代。20世纪80年代末，用琥珀制作的佛教艺术品流通到中国香港、日本、新加坡等国家和地区，在当地形成了一定的市场，琥珀也逐渐流行起来。1992年，在台湾一串品相极佳的琥珀佛珠竟然拍到120万元新台币的高价，在当时国际市场上所有藏品形势均不好的情况下琥珀价格的逆势上涨引起了不小的轰动，一些国内藏家开始将目光投向琥珀，把东南亚的琥珀收藏概念逐渐引向内陆市场。目前，普通琥珀每克的价格已达到100～300元，而高档琥珀尤其是蓝珀的价格已经达到每克400～1000元。

那么，什么样的琥珀才值得收藏呢？总的来说，考虑到增值因素、色泽、体积和是否包裹了动、植物都是收藏者最应看重的几个要素。温润如玉，晶莹似水晶，无瑕疵和杂质，摩擦后能闻到一种似有似无的松木味，具备这些特性的就是好琥珀。在品种上，以非常珍稀的蓝珀、绿珀等品种最为珍贵，也最值得收藏和投资。从价值上说，体积越大、重量越大的价值就越高，因为越大的原料越难得，所以体积大的原料在原产地的价格近几年上涨得很厉害，尤其是从2014年年初到现在，各类琥珀原料涨了1～5倍。一般而言，规格越大的琥珀上涨的幅度越大。所以，从收藏和投资角度讲，体积大的原料是最值得注意的。另外，包裹植物的琥珀被认为比普通的琥珀更珍贵，包裹昆虫的琥珀又要比植物琥珀珍贵。在包裹动物的琥珀中，动物的体形越大，保存得越完整则价值越高。例如，波兰的但斯克琥珀博物馆有一块蜥蜴琥珀，其珍贵在于体积大和难得一见，因为通常琥珀里包裹的都是小昆虫，蜥蜴这种爬行动物想要摆脱大块油脂的束缚很容易。

　　需要提醒广大投资和收藏者的是，一个品种的市场热捧势必随之而来的是假货赝品大量充斥市场，很多不良商家为了牟取更多的利益，大肆造假，以假当真，以次充好，使得市面上充斥着大量的假冒伪劣琥珀商品。特别是那些产量稀少又名贵的琥珀，实则皆为再造琥珀或树脂塑料等。另外，还有用年份不够的天然树脂冒充琥珀，在识别上更加困难，尤其是刚入门的收藏者在收藏时一定要注意。

▨满蜜手串

　　由于前一时期国内琥珀价格过快上涨，对市场已经形成一定冲击，国内市场正处于相对平缓期。但是，主要原料出口国俄罗斯和波兰都在控制原料输出，国内需求仍然旺盛，所以长期来看琥珀仍然具有很好的发展空间。

# 玉石

中国是最早发现和利用玉石的国家，受传统文化的影响，国人对玉石的喜爱程度在某种程度上超过其他宝石，在珠宝市场上，超过半数以上的珠宝客户选择的是玉石类珠宝。在投资收藏领域，这一比例甚至更高。最受大家瞩目的玉石在很长一段时期内除翡翠与和田玉以外无他物可比拟，这两种玉石几乎占据玉石市场九成以上的份额，显示我国人民对这两种玉石的追捧程度。

不过，这种情况在最近三年已悄悄地发生了变化，随着翡翠与和田玉这两种玉石供求矛盾的急剧激化，加上一些外部因素的影响，目前这两种玉石的价格均处在高位，尤其是翡翠和高档和田玉，在经过前几年疯狂暴涨之后逐渐进入相对稳定的空间，增值速度已明显减慢。与之相对应的是，一些优质的玉石品种正异

▨青金石手串

❖青金石手串

军突起，以让人猝不及防，甚至是出人意料地飞速扩张，不仅在市场份额中占有越来越大的比例，其价格也以惊人的速度增长。这些玉石正在成为越来越多投资和收藏者的心头所爱，吸引越来越多人的目光。

## ❖ 青金石

　　青金石自古在我国就被认可，尤其是明、清两朝时期，更是被宫廷皇家大量使用，无论是后宫嫔妃们的首饰还是大臣们上朝佩戴的朝珠，青金石都是常见的宝石。正是由于青金石具有深厚的文化底蕴，高档青金石又具有非常漂亮的蓝紫色，观赏性极高，所以，近年来在国内市场受到越来越多的追捧，行情一路看涨。最近三年，青金石的价格至少上涨三倍，根据不同的品相，常见的青金石价格为每克50～200元，极品可达每克300元。

　　青金石的原产地主要在阿富汗，以前由于阿富汗国内政局动荡，政府无暇顾及青金石的出口监管，现在随着其国内局势的好转，对青金石的出口监管比原来严格许多，这是造成青金石原料上涨的主要原因。虽然其他产地也有青金石在开采，但都没有阿富汗产区的质量好。因此，高档青金石的供需矛盾势必越来越突出。同时，目前国内青金石市场基本处于起步阶段，青金石在国际上受欢迎的程度还远远高于国内，因此可以展望到的是，青金石的价格仍有良好的上涨空间，投资收藏青金石是个不错的选择。

随着青金石价格的急速上涨，目前市场上新出现不少合成青金石和染色青金石以仿制高档无金、无白的帝王青金石，具有很强的欺骗性。提醒广大藏家购买时要谨慎。

## ❈ 南红玛瑙

在玉石大家族中，玛瑙从来都是很不起眼的品种，长期以来都只能出现在珠宝的中低端市场上，而以前市场常见的烧红玛瑙甚至给人品质低劣的感觉。

南红玛瑙与上述的玛瑙截然不同。首先它的颜色是天然形成，完全没有经过人工处理，高品质的南红玛瑙颜色艳丽纯正，喜庆吉祥，是中国人最爱的颜色。而且它质地细腻温润，有时还有美丽的图案或花纹，所以受到越来越多人的喜爱和追捧。

❈清乾隆·御制南红玛瑙俏雕鱼化龙花插

❈南红玛瑙原石

211

**老南红玛瑙念珠**

目前的国家标准中还没有对南红玛瑙有确切的定义，这一名称只应用于商业活动中，一般而言，南红玛瑙是对产自中国西南部的一种颜色艳丽、观感润泽浑厚的红玛瑙的统称，古人称其为"赤琼"，能够达到颜色鲜艳、少有裂纹标准的南红玛瑙历来产量很低，中国历代皇室和佛家都痴迷于收藏、把玩南红玛瑙。

南红玛瑙的价格近年来正处在高速上涨中，行情持续走高。与五年前相比，高档南红玛瑙的价格甚至已上涨百倍。不仅如此，现在随便在珠宝市场上抄起一串南红玛瑙手串，不用成色太好，也要动辄几千元。成品方面，如今的民间普品也上升为几千元到几万元一件，大师作品则需几万元到几十万元才能求得一件。目前市场上基本是云南保山和四川凉山的宝石料，色相较好的上等老玛瑙更是炙手可热。不可否认的是，南红玛瑙目前异常坚挺的市场价格有一定的炒作因素存在，上涨势头一定程度上会放缓，但是长期来看，产量和需求之间的矛盾依然会持续存在，所以它仍然是值得关注和投资的玉石之一。

在南红玛瑙里，锦红、樱桃红、柿子红以及冰料属于最有收藏价值的品种。南红玛瑙裂理较发育，挑选时除了注重颜色以外，要格外注意是否含有裂纹。

值得提醒大家注意的一点是，由于优质南红玛瑙需求旺盛，最近两年市场中出现不少注胶处理的产品，它是把裂纹发育的玛瑙进行充填处理以后冒充优质玛瑙出售的，这类南红玛瑙经常不抛光或亚抛光，所以看到这类南红玛瑙要谨慎购买。

## ※ 苏纪石

苏纪石，也称舒俱徕石，是20世纪60年代才被发现，70年代由于南非发现大规模苏纪石矿藏，这种宝石才进入宝石市场，所以它是一种不折不扣的新兴宝石品种。

苏纪石的颜色呈特有的深蓝色、红紫色和蓝紫色，有时在色带和色斑上呈现出几种不同的色调。苏纪石一般呈半透明到不透明，宝石级苏纪石呈明亮的半透明成色，品质好的苏纪石质地细腻，与优质玉髓相似，最好的颜色是鲜艳的桃红色和紫红－紫色。

※苏纪石手串

苏纪石虽然进入国内市场的时间不太长，但是最近几年间其价格也在稳步上涨，一只优质的苏纪石手镯价格轻松过万，挂件和项链的价格也可达5000元以上。随着南非对苏纪石出口的控制和越来越多人发现和喜爱它的美丽，苏纪石绝对是一个非常值得关注的收藏和投资品种，在未来会有值得期待的发展空间。

## ❀ 绿松石

绿松石是珍贵的玉石品种之一，常被称作"松石"。绿松石在我国有着数千年的使用历史，因其美丽的色彩、多变的纹理、独特的质地，给人原始和质朴的美感。绿松石目前的主要产地为中国、伊朗、智利、美国等，其中中国湖北十堰探明的储量最大，约占全球总储量的70%以上。

自从2010年文玩市场逐渐兴起，绿松石也成为玩家们竞相购买的又一新对象，这也是绿松石极具跨越性的一年，并且进一步带动了绿松石的价格提升。自此之后，绿松石只涨不跌，短短几年的时间里价格翻了好几番，并且随着封矿，品相好的原矿高瓷松石变得更加难得。

❀绿松石桶珠

绿松石布袋和尚　　　原矿高瓷绿松石毛衣链

从10年前的默默无闻，到如今玉石收藏领域的"红人"。目前市场上普通的原矿绿松石的价格每克40~100元不等，瓷度高、品相好的天然绿松石价格能达到两三百元一克，甚至更高。

市场上年代久远的"老松石"更受热捧，因绿松石所含元素的不同，颜色也有差异，氧化物中含铜时呈蓝色，含铁时呈绿色。其中以蓝色、深蓝色不透明或微透明，颜色均一，光泽柔和，无褐色铁线者质量最好。在国际市场中顶级的"蓝色瓷松"最受欢迎，其价格堪比高档宝石。

尽管绿松石的涨势现在趋于缓和，但是就长远来看还是有很好的发展空间。

首先，绿松石在国际市场上非常受欢迎，尤其在美国，绿松石就像翡翠在中国一样受欢迎，目前国内和国际市场绿松石的价格还有较大差距。

※天然绿松石首饰套装

其次，主要出产优质绿松石的矿区有的停产、有的产量减小，这也是导致绿松石价格上涨的重要因素。

最后，绿松石原来只在新疆、西藏等少数民族地区受到喜爱，但是随着文玩收藏的兴起，绿松石作为最常见的配饰之一，对它的需求是越来越旺盛的。

伴随着收藏价格只涨不跌的态势，投资收藏的队伍日渐庞大，市面上也出现了大量经过各种优化处理的绿松石（包括染色，注胶等）和仿制的绿松石，还有一些大的绿松石是由小块的黏合在一起的，有些甚至是鉴定部门都很难鉴定，所以提醒大家购买和投资绿松石应十分警惕。

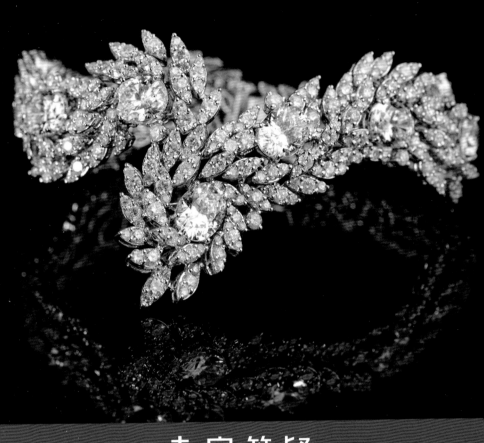

专家答疑

## ✳ 钻石的硬度较高，需要特殊保养吗？

钻石是世界上最硬的物质，它的摩氏硬度是最高的10级，这表明没有其他东西能在它表面进行刻划，也就是说它具有最强的抗刻划能力。但是，它的韧性并不是最高的，也就是说它的抗外力打击的能力不是最强的，所以要防止它受到严重的撞击。对于未镶嵌的裸钻，它的底尖是最薄弱的地方，受到外力冲击最容易崩掉，所以保存和拿放钻石时要注意小心保护底尖。

另外，钻石的化学成分是碳，所以要防止高温。真金不怕火炼不适用于钻石，超高的温度会烧毁钻石。钻石具有很强的亲油性，所以不要戴着钻石化妆，接触油烟等，并且要定期清洗钻石。

## ✳ 钻石的尺寸越大价值越高吗？

影响钻石价值的因素除了重量以外，还有净度、切工和色级，这四个方面共同决定一颗钻石的价格。所以，在其他三个方面相同的情况下，可以说钻石的尺寸越大价值越高。

钻石项链

## ✳ 为什么有的蓝宝石是红色的？这样的蓝宝石有收藏价值吗？

在宝石学中，只有铬致色的红色宝石才叫红宝石，其余的所有刚玉类宝石不管是什么颜色都叫作蓝宝石。所以，蓝宝石是包括蓝色在内的多种颜色甚至是红色的宝石。这样的蓝宝石在符合收藏条件的前提下当然同样具有收藏价值。

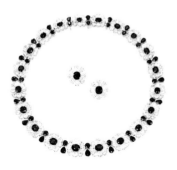

▧红宝石配钻石项链

## ✳ 有哪些宝石可以在形态上代替祖母绿？

当前比较流行替代祖母绿的是沙弗莱石，它是一种绿色的石榴石。在碧玺中，少数颜色艳绿的品种也可以用来替代祖母绿。合成祖母绿、绿色玻璃等人工宝石也被用于替代祖母绿。

▧绿色碧玺配沙弗莱石戒指

▧祖母绿形碧玺戒指

## ✳ 鉴别钻石、锆石、无色水晶和无色碧玺的简易方法有哪些？

首先，几乎没有无色的碧玺。其次，无色水晶是玻璃光泽，并没有钻石和锆石耀眼的金刚光泽，所以很容易从外观上区别。至于锆石，它的外观与钻石非常接近，仅凭肉眼一般人是很难区分的，比较简单的方法是，由于锆石具有很大的比重，所以在相同重量的情况下要比钻石小很多，这是很容易区分的。在不知道它重量的情况下，在放大镜下观察它的腰部，锆石是没有原始晶面的，而且其内部通常十分洁净，但是切工常常并不完美，有明显的小瑕疵。然而准确鉴定钻石还是需要专业的鉴定人员使用必要的仪器来完成。

锆石吊坠

## ✱ 琥珀、蜜蜡、松香有什么关系？

琥珀是个大的品种名称，在宝石学中不透明或半透明的琥珀被称为蜜蜡，透明的被称为琥珀，也就是说，蜜蜡实际上是琥珀的一种。琥珀是天然树脂经过漫长的地质年代玉化的有机宝石。而松香只是固化的树脂而已，没有经过地质年代的玉化。

## ✱ 和田玉一定产于新疆和田吗？

在我国珠宝玉石国家标准中，和田玉这一名称只是一个品种的名称，不具有产地意义。只要符合国家标准中所有与和田玉相关的定义的所有玉石都可以叫和田玉。所以，在鉴定证书中出现的和田玉这一名称并不代表它是否产在新疆。

## ✱ 珠宝是否都配有鉴定证书？怎样辨别鉴定证书的真伪？

一般中高档的珠宝在正常销售时都应具有鉴定证书。但是证书也有假冒的，不符合资质的鉴定机构或个人出具的证书是没有法律效力的。一般正规的证书是有国家认可资质的机构出具的，鉴定人员也必须具有国家注册的质检师资格。证书一般可以在该机构的官方网站上查到，电话也真实有效，有人接听并能进行查询。证书上所有的描述和定名都符合国家标准。

## ✱ 如何衡量珠宝的设计价值与其本身价值？

同样条件下，好的设计会提升珠宝的价值，尤其在玉石上这一点更加突出。优秀的设计和雕工是可以大幅度提升玉石本身的价值的。相反，一块好料如果设计加工失败会使它本身的价值大打折扣。

# "从新手到行家" 系列丛书 (修订版)

《翡翠鉴定与选购
从新手到行家》

定价：68.00元

《珍珠鉴定与选购
从新手到行家》

定价：68.00元

《手串鉴定与选购
从新手到行家》

定价：68.00元

《紫砂壶鉴定与选购
从新手到行家》

定价：68.00元

《南红玛瑙鉴定与选购
从新手到行家》

定价：68.00元

《文玩核桃鉴定与选购
从新手到行家》

定价：68.00元

《宝石鉴定与选购
从新手到行家》

定价：68.00元

《琥珀蜜蜡鉴定与选购
从新手到行家》

定价：68.00元

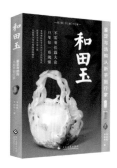

《和田玉鉴定与选购
从新手到行家》

定价：68.00元

## 内容简介

本书主要通过介绍当前珠宝市场中热门的宝石品种，帮助读者了解这些宝石的基本特征、评价依据以及大概的市场行情，以此提高广大珠宝爱好者的鉴赏能力。首先，本书对晶体宝石、有机宝石及玉石三大类宝石的鉴定与选购原则进行介绍，其中包括钻石、红宝石、蓝宝石、祖母绿、碧玺、水晶、托帕石、珍珠、珊瑚、琥珀蜜蜡、翡翠、和田玉、青金石、南红玛瑙等共18种宝石。其次，本书对祖母绿、碧玺、沙弗莱石、苏纪石、绿松石等热门宝石的市场行情及发展趋势做出简单的分析，为宝石投资、收藏爱好者提供一些参考。另外，本书对宝石爱好者存在的一些疑问也做出了简要的回答。

## 作者简介

**王晓华**

1993年毕业于桂林冶金地质学院（现桂林理工大学）地质系宝玉石专业。1998年考取首届国家注册珠宝玉石质量检验师，教授级高级工程师。现就职于天津地质研究院地质矿产测试中心宝玉石鉴定部，长期从事珠宝玉石鉴定和专业教学工作。发表多篇论文，并出版专著《时尚收藏·玉饰》《珍珠图鉴》等。

**图书在版编目（CIP）数据**

宝石鉴定与选购从新手到行家 / 王晓华著

. — 北京：文化发展出版社，2016.6（2024.4重印）

ISBN 978-7-5142-1313-3

Ⅰ．①宝… Ⅱ．①王… Ⅲ．①宝石－鉴定②宝石－选购

Ⅳ．① TS933

中国版本图书馆 CIP 数据核字 (2016) 第 076381 号

**宝石鉴定与选购从新手到行家**

著　　者：王晓华
策划编辑：肖贵平
责任编辑：孙　烨
特邀编辑：高砚臻
责任校对：岳智勇
责任印制：杨　骏
责任设计：侯　铮
排版设计：辰征·文化

出版发行：文化发展出版社（北京市翠微路 2 号 邮编：100036）
网　　址：www.wenhuafazhan.com
经　　销：全国新华书店
印　　刷：北京博海升彩色印刷有限公司
开　　本：889mm×1194mm 1/32
字　　数：260 千字
印　　张：7
印　　次：2016 年 6 月第 1 版　2024 年 4 月第 6 次印刷
定　　价：68.00 元
ISBN：978-7-5142-1313-3

◆ 如有印装质量问题，请与我社印制部联系　电话：010-88275720